典型车削零件
数控编程与加工

◎ 主　编　谢仁华　管嫦娥
◎ 副主编　胡德平　吕俊峰
　　　　　戴晓莉　谢达城
◎ 主　审　宋志良

北京理工大学出版社
BEIJING INSTITUTE OF TECHNOLOGY PRESS

内容简介

本书是国家骨干高职院校建设项目成果教材,以培养学生的数控车削零件加工技能为核心,以国家职业标准中数控车工的考核要求为基本依据,以典型零件为载体,以工作过程为导向,以工作任务为驱动,详细介绍了各种典型车削零件的加工工艺设计、程序编制和加工操作等内容。

本书共分为 5 个学习情境,学习情境一为数控车削编程与加工基础,学习情境二为轴类零件的数控编程与加工,学习情境三为孔类零件的数控编程与加工,学习情境四为配合件的数控编程与加工,学习情境五为特殊零件的数控编程与加工。每个学习情境根据教学需要又分若干个任务,每个任务包括任务导入、知识链接、任务实施、知识拓展和习题训练等内容,融零件的数控工艺、编程、加工和检测为一体,任务由简单到复杂,由单一到综合,具有很强的可操作性。

本书以任务驱动的方式使理论教学融入实践教学之中,突出"教、学、做"一体、工学结合的高职教学模式。本书可作为高职高专院校数控技术、机电类专业的教学用书及面向社会有关数控加工操作与编程技术的培训教材,还可作为数控机床加工编程、工艺及操作人员的技术参考书。

版权专有　侵权必究

图书在版编目(CIP)数据

典型车削零件数控编程与加工/谢仁华,管嫦娥主编. —北京:北京理工大学出版社,2014.9(2022.1 重印)

ISBN 978 - 7 - 5640 - 5666 - 7

Ⅰ.①典… Ⅱ.①谢…②管… Ⅲ.①机械元件 - 数控机床 - 车床 - 车削 - 程序设计 - 高等学校 - 教材②机械元件 - 数控机床 - 车床 - 车削 - 加工工艺 - 高等学校 - 教材　Ⅳ.①TG519.1

中国版本图书馆 CIP 数据核字(2014)第 056172 号

出版发行 / 北京理工大学出版社有限责任公司	
社　　址 / 北京市海淀区中关村南大街 5 号	
邮　　编 / 100081	
电　　话 /(010)68914775(总编室)	
82562903(教材售后服务热线)	
68948351(其他图书服务热线)	
网　　址 / http://www.bitpress.com.cn	
经　　销 / 全国各地新华书店	
印　　刷 / 唐山富达印务有限公司	
开　　本 / 787 毫米 × 1092 毫米　1/16	
印　　张 / 13	责任编辑 / 张慧峰
字　　数 / 320 千字	文案编辑 / 多海鹏
版　　次 / 2014 年 9 月第 1 版　2022 年 1 月第 5 次印刷	责任校对 / 周瑞红
定　　价 / 42.00 元	责任印制 / 马振武

图书出现印装质量问题,请拨打售后服务热线,本社负责调换

前　言

本书是国家骨干高职院校重点建设专业——数控技术专业建设项目成果教材。"典型车削零件数控编程与加工"是高职数控技术专业一门重要的专业核心课程。本书由校企合作共同开发，在编写过程中以工学结合为切入点，以工作过程为导向，打破传统的学科型课程框架，根据企业的工作实际，从分析数控车工岗位的要求和工作内容入手，并依据数控车工国家职业标准，精心编排组织教学内容。

本书共分 5 个学习情境，包括数控车削编程与加工基础、轴类零件的数控编程与加工、孔类零件的数控编程与加工、配合件的数控编程与加工和特殊零件的数控编程与加工。每个学习情境又分成若干个任务，每个任务都采用任务驱动的编写模式，以企业典型工作任务构建结构，包括任务导入、知识链接、任务实施、知识拓展和习题训练等内容，任务内容由简单到复杂，由易到难。通过 11 个典型任务的学习，使学生在完整、综合性的学习中进行思考，以达到学会学习、学会工作、培养方法能力和掌握技能的目的。本书内容丰富，实用性强，版式新颖，图文并茂，方便教学。

本书由江西应用技术职业学院谢仁华、管嫦娥担任主编，由赣州群星机械有限公司高级工程师胡德平、江西应用技术职业学院吕俊峰、戴晓莉、谢达城任副主编。全书由江西应用技术职业学院宋志良主审。在本书的编写过程中，江西应用技术职业学院汽车与机械工程系龙永莲教授、赣州五环机器有限责任公司朱学军高级工程师提出了很多宝贵意见，并给予了大力支持，在此一并表示衷心的感谢。

由于编者水平有限，时间仓促，书中难免有欠妥和错误之处，恳请广大读者批评指正。

编　者

目 录

学习情境一　数控车削编程与加工基础 ··············· 1

任务1　数控车削编程与加工基础知识 ··············· 1
【任务导入】 ··············· 1
【知识链接】 ··············· 2
　一、数控机床基础知识 ··············· 2
　二、数控编程概述 ··············· 10
　三、程序的结构与格式 ··············· 12
　四、数控车削刀具补偿 ··············· 16
　五、程序编制中的数学处理 ··············· 18
【任务实施】 ··············· 21
　一、制定简单轴零件加工工作流程 ··············· 21
　二、简单轴零件加工工作条件准备 ··············· 21
　三、简单轴零件工艺分析与程序编写 ··············· 22
　四、简单轴加工 ··············· 23
　五、检查评估 ··············· 24
【知识拓展】 ··············· 24
【习题训练】 ··············· 27

学习情境二　轴类零件的数控编程与加工 ··············· 28

任务2　台阶轴编程与加工 ··············· 28
【任务导入】 ··············· 28
【知识链接】 ··············· 28
【任务实施】 ··············· 33
　一、制定台阶轴零件加工工作流程 ··············· 33
　二、台阶轴零件加工工作条件准备 ··············· 34
　三、台阶轴零件工艺分析与程序编写 ··············· 34
　四、台阶轴加工 ··············· 37
　五、检查评估 ··············· 46
【知识拓展】 ··············· 47
【习题训练】 ··············· 52

目 录

  任务3 圆弧轴编程与加工 …………………………………………………… 52
   【任务导入】 …………………………………………………………………… 52
   【知识链接】 …………………………………………………………………… 53
    一、圆弧插补编程指令 ……………………………………………………… 53
    二、切削液的选用 …………………………………………………………… 54
   【任务实施】 …………………………………………………………………… 55
    一、制定带圆弧轴零件加工工作流程 ……………………………………… 55
    二、圆弧轴零件加工工作条件准备 ………………………………………… 55
    三、圆弧轴零件工艺分析与程序编写 ……………………………………… 55
    四、圆弧轴加工 ……………………………………………………………… 58
    五、检查评估 ………………………………………………………………… 59
   【知识拓展】 …………………………………………………………………… 60
   【习题训练】 …………………………………………………………………… 63
  任务4 螺纹轴编程与加工 …………………………………………………… 64
   【任务导入】 …………………………………………………………………… 64
   【知识链接】 …………………………………………………………………… 65
    一、外螺纹车削相关知识 …………………………………………………… 65
    二、螺纹切削指令 …………………………………………………………… 66
   【任务实施】 …………………………………………………………………… 67
    一、制定螺纹轴零件加工工作流程 ………………………………………… 67
    二、螺纹轴零件加工工作条件准备 ………………………………………… 68
    三、螺纹轴零件工艺分析与程序编写 ……………………………………… 68
    四、螺纹轴加工 ……………………………………………………………… 71
    五、检查评估 ………………………………………………………………… 72
   【知识拓展】 …………………………………………………………………… 73
   【习题训练】 …………………………………………………………………… 75
学习情境三 孔类零件的数控编程与加工 ……………………………………… 77
  任务5 齿轮坯的编程与加工 ………………………………………………… 77
   【任务导入】 …………………………………………………………………… 77
   【知识链接】 …………………………………………………………………… 77

目录

  一、套（孔）类零件的装夹 …………………………………………………… 77
  二、套（孔）类零件的尺寸测量 ……………………………………………… 80
  三、端面（锥面）及内孔车削指令 …………………………………………… 81
【任务实施】 ……………………………………………………………………… 85
  一、制定齿轮坯零件加工工作流程 …………………………………………… 85
  二、齿轮坯零件加工工作条件准备 …………………………………………… 86
  三、齿轮坯零件工艺分析与程序编写 ………………………………………… 86
  四、齿轮坯加工 ………………………………………………………………… 88
  五、检查评估 …………………………………………………………………… 89
【知识拓展】 ……………………………………………………………………… 90
【习题训练】 ……………………………………………………………………… 91
任务6 带轮的编程与加工 …………………………………………………… 91
【任务导入】 ……………………………………………………………………… 91
【知识链接】 ……………………………………………………………………… 92
  一、GSK980TD 系统编程指令 ………………………………………………… 92
  二、GSK928TA 系统编程指令 ………………………………………………… 95
  三、切槽时切削用量的选择 …………………………………………………… 97
【任务实施】 ……………………………………………………………………… 97
  一、制定带轮零件加工工作流程 ……………………………………………… 97
  二、带轮零件加工工作条件准备 ……………………………………………… 98
  三、带轮零件工艺分析与程序编写 …………………………………………… 98
  四、带轮加工 …………………………………………………………………… 101
  五、检查评估 …………………………………………………………………… 102
【知识拓展】 ……………………………………………………………………… 102
【习题训练】 ……………………………………………………………………… 104
任务7 内螺纹的编程与加工 ………………………………………………… 104
【任务导入】 ……………………………………………………………………… 104
【知识链接】 ……………………………………………………………………… 105
  一、内螺纹车刀 ………………………………………………………………… 105
  二、车内螺纹前的有关尺寸计算及要求 ……………………………………… 106

目 录 》》》

【任务实施】……………………………………………………………………… 106
 一、制定内螺纹零件加工工作流程 ………………………………………… 106
 二、内螺纹零件加工工作条件准备 ………………………………………… 107
 三、内螺纹零件加工工艺分析与程序编写 ………………………………… 107
 四、内螺纹零件加工 ………………………………………………………… 109
 五、检查评估 ………………………………………………………………… 109
【知识拓展】……………………………………………………………………… 110
【习题训练】……………………………………………………………………… 112

学习情境四 配合件的数控编程与加工 …………………………………… 113

任务8 圆锥配合件的编程与加工 …………………………………………… 113

【任务导入】……………………………………………………………………… 113
【知识链接】……………………………………………………………………… 113
 一、圆柱和圆锥切削循环指令 G90 ………………………………………… 113
 二、常用粗加工循环指令 G71/G73 ………………………………………… 115
 三、精加工循环指令 G70 …………………………………………………… 116
【任务实施】……………………………………………………………………… 117
 一、制定圆锥配合件零件加工工作流程 …………………………………… 117
 二、圆锥配合件零件加工工作条件准备 …………………………………… 117
 三、圆锥配合件工艺分析与程序编写 ……………………………………… 117
 四、圆锥配合件加工 ………………………………………………………… 124
 五、检查评估 ………………………………………………………………… 127
【知识拓展】……………………………………………………………………… 127
【习题训练】……………………………………………………………………… 128

任务9 螺纹配合件的编程与加工 …………………………………………… 129

【任务导入】……………………………………………………………………… 129
【知识链接】……………………………………………………………………… 131
【任务实施】……………………………………………………………………… 133
 一、制定螺纹配合件零件加工工作流程 …………………………………… 133
 二、螺纹配合件零件加工工作条件准备 …………………………………… 134

目录

  三、螺纹配合件工艺分析与程序编写 ······ 134

  四、螺纹配合件加工 ······ 140

  五、检查评估 ······ 140

 【知识拓展】 ······ 142

 【习题训练】 ······ 143

学习情境五 特殊零件的数控编程与加工 ······ 145

 任务10 椭圆轴的编程与加工 ······ 145

 【任务导入】 ······ 145

 【知识链接】 ······ 145

  一、椭圆方程 ······ 145

  二、宏程序 ······ 146

  三、凹椭圆宏程序 ······ 151

 【任务实施】 ······ 153

  一、制定椭圆轴零件加工工作流程 ······ 153

  二、椭圆轴零件加工工作条件准备 ······ 153

  三、椭圆轴零件工艺分析与程序编写 ······ 154

  四、椭圆轴加工 ······ 158

  五、检查评估 ······ 160

 【知识拓展】 ······ 161

 【习题训练】 ······ 164

 任务11 抛物线轴的编程与加工 ······ 164

 【任务导入】 ······ 164

 【知识链接】 ······ 165

  一、A类型宏程序（FANUC系统） ······ 165

  二、B类型宏程序（FANUC系统） ······ 166

 【任务实施】 ······ 167

  一、制定抛物线轴零件加工工作流程 ······ 167

  二、抛物线轴零件加工工作条件准备 ······ 168

  三、抛物线轴零件工艺分析与程序编写 ······ 168

  四、抛物线轴加工 ······ 173

目录

  五、检查评估 …………………………………………………………… 175
【知识拓展】 ……………………………………………………………… 176
【习题训练】 ……………………………………………………………… 178
附录 ……………………………………………………………………… 180
 附录Ⅰ 数控车工国家职业标准 ………………………………………… 180
 附录Ⅱ 职业技能鉴定题库统一试卷（样卷） …………………………… 191
参考文献 ………………………………………………………………… 197

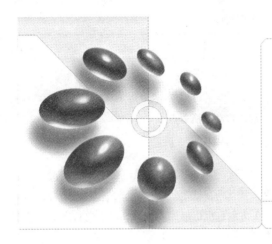

学习情境一 数控车削编程与加工基础

任务1 数控车削编程与加工基础知识

车削加工是常见的数控加工,本任务旨在通过对如图1.1所示简单轴零件数控车削程序的分析与学习,初步掌握数控车床编程与加工的基础知识,为后续任务的数控车削程序编制做准备。

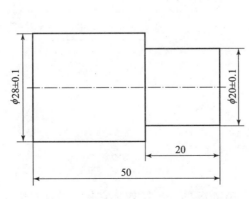

图1.1 简单轴零件

该工件毛坯为 $\phi 30\text{mm} \times 80\text{mm}$ 棒材，采用 FANUC Series 0i Mate – D 系统，程序清单见表1.1。

表1.1 简单轴零件数控程序

程序内容	注 释
%	开始符
O0101	程序名
N10 G98 G00 X100 Z100;	取消刀具补偿，快速移动至换刀点
N20 T0101;	选择95°外圆粗车刀，$R=0.4$
N30 M03 S600;	主轴正转，转速为600r/min
N40 G41 G00 X32 Z5;	刀尖半径左补偿，循环起点
N50 G71 U2 R0.5;	单一固定循环，X方向每次切削深度2mm，X方向每次退刀量0.5mm，半径值编程
N60 G71 P70 Q100 U0.6 W0.4 F120;	X方向精加工余量0.6mm，半径值编程；Z方向精加工余量0.4mm，粗加工进给速度120mm/min
N70 G00 X20;	起刀点，粗精加工循环开始
N80 G01 Z0 F90;	
N90 G01 Z-20 F90;	$\phi 20$外圆车削20mm
N100 X28;	$\phi 28$外圆车削
N110 Z-51;	$\phi 28$外圆车削50mm，粗精加工循环结束
N120 G00 X100 Z100;	快速移动至换刀点
N130 T0202;	换2号95°外圆精车刀，$R=0.2$mm
N140 M03 S1000;	主轴正转，转速为1 000r/min
N150 G00 X32 Z2;	精加工循环点
N160 G70 P70 Q100;	从N70程序段开始到N100程序段结束进行精加工
N170 G40 G00 X100 Z100;	取消刀具补偿，快速移动至换刀点
N180 M30;	程序结束
%	

知识链接

一、数控机床基础知识

图1.2所示为卧式数控车床CK6140S的外形结构。它是一种通过数字信息，控制机床按给定的运动轨迹进行自动加工的机电一体化加工设备，具有通用性好、加工精度高、生产

效率高等优点。近年来，随着数控车削中心和数控车铣中心的问世，使得在一次装夹中可以完成更多的加工工序，进一步提高了数控设备的生产效率和加工质量。

图1.2　卧式数控车床的外形结构

1. 数控机床概述

数控技术，简称数控（Numerical Control，NC），它是利用数字化的信息对机床运动和加工过程进行控制的一种技术。数控机床（Numerical Control Machine Tools）是利用数字代码形式的信息（程序指令），控制刀具按给定的工作程序、运动速度和轨迹进行自动加工的机床，简称为NC机床。

（1）数控机床的产生

美国T. Parsons最先提出数控机床思想。1948年，美国Parsons公司接受美国空军委托，研制直升机螺旋桨叶片轮廓检验用样板的加工设备。由于样板形状复杂，精度要求高，一般加工设备难以适应，于是Parsons公司提出采用数字脉冲控制机床的设想，开始研究以脉冲方式控制机床各轴运动，进行复杂轮廓加工的装置。

1949年，Parsons公司与美国麻省理工学院开始共同研究，并于1952年成功研制出了第一台三坐标数控铣床，取名Numerical Control，数控机床的所谓"第一号机"诞生，它综合应用了电子计算机、自动控制、伺服驱动、精密检测与新型机械结构等多方面的技术成果，可用于复杂曲面零件轮廓的加工。从此以后，许多厂家都开展了数控机床的研发和加工。1959年，美国Kenaey和Treckre成功开发了具有刀库、刀具的交换装置和回转工作台，可以实现一次装夹，对工件多个面进行钻孔、攻丝、镗削和轮廓铣削等多种加工的数控机床。从此，数控车床的一个新种类——加工中心（Machining Center，MC）诞生，并逐步成为数控车床的主力。

（2）数控机床的发展

数控机床是在机械制造和控制技术的基础上发展起来的，其发展经历了以下几个阶段。

①1948年，美国Parsons公司接受美国空军委托开始了数控机床的研发工作。1949年，该公司于美国麻省理工学院（MIT）开始共同研究，并于1952年研制成功第一台三坐标数控铣床，这便是采用电子管数控的第一代数控机床。

②1959年，数控装置采用了晶体管元件和印制电路板，出现了带自动换刀装置的数控机床，称为加工中心，数控装置进入第二代。

③第三代数控装置出现于 1965 年，其主要特点是采用集成电路，体积小，消耗功率少，可靠性较高，并且价格进一步下降。它的出现促进了数控机床品种和产量的发展。

④20 世纪 60 年代末，先后出现了由一台计算机直接控制多台机床的直接数控系统（简称 DNC），又称群控系统；采用小型计算机控制的计算机数控系统（简称 CNC），数控装置进入以小型计算机化为特征的第四代。

⑤1974 年，使用微处理器和半导体存储器的微型计算机数控装置（简称 MNC）研制成功，成为第五代数控系统。

⑥20 世纪 80 年代初，随着计算机软硬件技术的发展，出现了能进入人机对话式自动编制程序的数控装置，数控装置更趋小型化，可以直接安装在机床上。数控机床的自动化程度进一步提高，具有自动监控刀具磨损和自动检测工件等功能。

⑦20 世纪 90 年代后期，出现了 PC + CNC 智能数控系统，即以 PC 机为控制系统的硬件部分，在 PC 机上安装 NC 软件系统，此种方式系统维护方便，易于实现网络化制造。

（3）数控机床的功能

数控车床主要用于轴类或盘类零件的内、外圆柱面，任意角度的内、外圆锥面，复杂回转内、外曲面及圆柱和圆锥螺纹等的切削加工，并能进行切槽、钻孔、扩孔、铰孔及镗孔等，特别适合加工形状复杂的零件。不同数控车床其功能也不尽相同，各有特点，但都应具备以下主要功能。

1）直线插补功能

控制刀具沿直线进行切削，在数控车床中利用该功能可加工圆柱面、圆锥面和倒角。

2）圆弧插补功能

控制刀具沿圆弧进行切削，在数控车床中利用该功能可加工圆弧面和曲面。

3）固定循环功能

固化了机床常用的一些功能，如粗加工、切螺纹、切槽和钻孔等，使用该功能简化了编程。

4）恒线速度车削

通过控制主轴转速，保持切削点处的切削速度恒定，可获得一致的加工表面。

5）刀尖半径自动补偿功能

可对刀具运动轨迹进行半径补偿，具备该功能的机床在编程时可不考虑刀具半径，直接按零件轮廓进行编程，从而使编程变得方便简单。

（4）数控机床的特点

数控机床对零件的加工是严格按照加工程序所规定的参数及动作执行的，它是高效的自动或半自动机床。与普通机床相比，数控机床具有以下突出优点：

1）适合加工复杂的异型零件

由于数控机床能实现多个坐标的联动，可以完成普通车床难以完成或根本不能加工的复杂零件型面，故其广泛用于宇航、造船和模具等加工业中。

2）加工精度高、质量稳定

加工尺寸精度在 0.005 ~ 0.01mm 之间，不受零件复杂程度的影响。由于大部分操作由机器自动完成，因而消除了人为误差，提高了批量零件的一致性，同时精密机床上还采用了位置检测装置，进一步提高了数控加工的精度。

任务1 数控车削编程与加工基础知识

3）自动化程度及生产率高

除手工装夹毛坯外，其余全部加工过程都可由数控机床完成。若配合自动装卸手段，则成为无人控制工厂的基本组成环节。数控加工减轻了操作者的劳动强度，改善了劳动条件，省去了划线、多次装夹定位、检测等工序及辅助操作，提高了生产效率。

4）高柔性

加工对象改变时，只需更改加工程序即可，具有很强的适应性，节约了大量生产准备时间。在数控机床基础上，可以组成具有更高柔性的自动化制造系统——柔性制造系统（FMS）。

5）有利于管理现代化

采用数控机床将工序管理、刀具管理等工作标准化，有利于企业向计算机控制与管理生产方面发展，为实现过程自动化创造了条件。

6）易于与计算机间建立通信联络，并易于实现群控

机床采用数字信息控制，容易与计算机辅助设计系统连接，形成CAD/CAM一体化系统，并可以建立各机床间的联系，容易实现群控。

7）投资大、使用费用及维修要求高

数控机床是典型的机电一体化产品，技术含量高，对维修人员的技术要求很高。

（5）数控车床型号代码的含义

1）数控车床CKA6150各代码的含义说明（见图1.3）

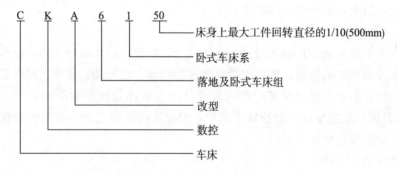

图1.3 数控车床CKA6150各代码含义

2）数控车床CJK6140A各代码的含义说明（见图1.4）

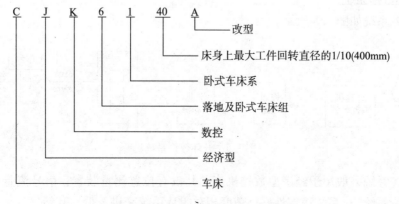

图1.4 数控车床CJK6140A各代码

2. 数控车床的分类

数控机床的种类很多，从不同角度对其进行考查，通常有以下几种不同的分类方法。

(1) 按工艺用途分类

1) 切削加工类

数控镗铣床、数控车床、数控磨床、加工中心、数控齿轮加工机床和 FMC 等。

2) 成形加工类

数控折弯机和数控弯管机等。

3) 特种加工类

数控线切割机、电火花加工机和激光加工机等。

4) 其他类型

数控装配机、数控测量机和机器人等。

(2) 按运动方式分类

1) 点位控制系统

控制单点在空间的位置精度，但不保证点到点的路径精度；在移动过程中，刀具不进行切削加工。适用范围：数控钻床、数控镗床、数控冲床和数控测量机等。

2) 直线控制系统

控制刀具或机床工作台以给定的速度，沿平行于某一坐标轴的方向，由一个位置精确地移动到另一个位置，即同时控制点的位置精度和走直线的精度，并且在转移过程中进行直线切削加工。适用范围：数控车床和数控铣床等。

3) 轮廓控制系统

对两个或两个以上的坐标轴同时进行连续控制，并能对机床移动部件的位移和速度进行严格控制，以控制加工的轨迹，加工出符合要求的轮廓。在运动过程中，同时要向两个坐标轴分配脉冲，使它们能走出所要求的形状来（其运动轨迹是任意斜率的直线、圆弧、螺旋线等）。适用范围：数控车床、数控铣床和加工中心等用于加工曲线和曲面的机床。现代数控机床基本上都装备这种数控系统。

(3) 按控制方式分类

按数控系统的进给伺服系统有无位置测量装置可分为开环数控系统、闭环数控系统，在闭环数控系统中根据位置测量装置安装的位置又可分为全闭环、半闭环和混合环数控系统。

1) 开环数控系统

开环数控系统如图 1.5 所示。

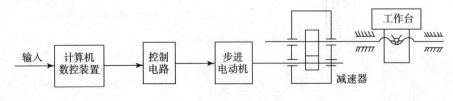

图 1.5 开环数控系统

开环数控系统一般用于经济型数控机床，其没有位置测量装置；信号流是单向的（数控装置→进给系统）；系统稳定性好；精度相对闭环系统来讲较低，其精度主要取决于伺服驱动系统与机械传动机构的性能和精度,一般以功率步进电动机作为伺服驱动元件。

这类系统一般具有结构简单、工作稳定、调试方便、维修简单和价格低廉等优点,在精度和速度要求不高、驱动力不大的场合应用广泛。

2)闭环数控系统

①半闭环数控系统。半闭环数控系统结构简单,调试方便,精度也较高,因而在现代CNC机床中得到了广泛应用。半闭环环路内部包括或只包括少量机械传动环节,因此可获得稳定的控制性能,其系统的稳定性虽不如开环系统,但比闭环系统要好。半闭环数控系统的位置采样点如图1.6所示,是从驱动装置(采用伺服电动机)或丝杠引出,采样旋转角度进行检测,不是直接检测运动部件的实际位置。但由于丝杠的螺距和齿轮间隙引起的运动误差难以消除,因此,其精度较闭环系统差,但较开环系统好。

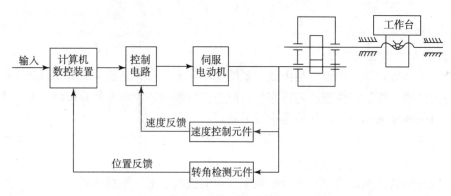

图1.6 半闭环数控系统

②全闭环数控系统。

全闭环数控系统主要用于精度要求高的镗铣床、超精车床、超精磨床及较大型的数控机床等。

全闭环数控系统的位置采样点如图1.7所示,其是直接对运动部件的实际位置进行检测,从理论上讲,可以消除整个驱动和传动环节的误差、间隙和失动量,且有很高的位置控制精度。

由于位置环内许多机械传动环节的摩擦特性、刚度和间隙都是非线性的,故很容易造成系统的不稳定,使闭环系统的设计、安装和调试都相当困难。

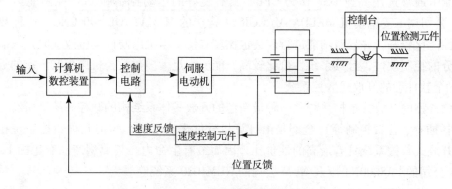

图1.7 全闭环数控系统

③混合环控制系统。

混合环控制系统实际上是半闭环和闭环控制系统的混合形式，内环是速度环，控制进给速度；外环是位置环，主要对数控机床进给运动的坐标位置进行控制。

（4）按坐标轴数分类

数控机床根据同时控制坐标轴的数目不同可分为两轴、两轴半、三轴、四轴和五轴联动等。两轴联动数控机床同时控制两个坐标轴实现二维直线、圆弧、曲线的轨迹控制；两轴半联动数控机床除了控制两个坐标轴联动外，还同时控制第三坐标轴做周期性进给运动，可以实现简单曲面的轨迹控制；三轴联动数控机床同时控制 X、Y、Z 三个直线坐标轴联动，实现曲面的轨迹控制；四轴、五轴联动数控机床除了控制 X、Y、Z 三个直线坐标轴外，还能同时控制一个或两个回转坐标轴，如工作台的旋转、刀具的摆动等，从而实现复杂的轨迹控制。

（5）按数控系统分类

1）传统专用型数控系统

传统专用型数控系统的硬件是由数控系统生产厂家自行开发的，具有很强的专用性，经过长时间的使用，质量和性能稳定可靠，目前还占领着制造业的大部分市场。但由于其采用一种完全封闭的体系结构，故往往存在以下缺点：

①用户的应用、维修及操作人员培训完全依赖于数控系统生产厂家，系统维护费用较高；

②系统功能的扩充以及更新完全依赖于公司的技术水平，周期比较长；

③大量市售廉价通用软硬件在专用数控系统上无法使用，功能比较单一。

因此，随着开放式体系结构数控系统的不断发展，这种传统专用型数控系统的市场正在受到挑战，市场份额也在逐渐减小。

2）PC 嵌入 NC 结构的开放式数控系统

PC 嵌入 NC 结构的开放式数控系统，如 FANUC16i/18i、SIMENS840D、NUMIO60 等，与传统专用型数控系统相比，结构上有一些开放性，功能十分强大，但系统软硬件结构十分复杂，系统价格也十分昂贵，一般的中、小型数控机床生产厂家没有经济能力去购买。

3）NC 嵌入 PC 的开放式数控系统

NC 嵌入 PC 的开放式数控系统硬件部分由开放式体系结构的运动控制卡与 PC 机构成。运动控制卡通常选用高速 DSP 作为 CPU，具有良好的运动控制和 PLC 控制能力，如日本 MAZAK 公司用三菱电动机 MELDASMACGIC64 构造的 MAZATROL 640 CNC。这种数控系统的开放性能比较好，并且对功能进行改进也比较方便，当机床硬件发生改变时，只需要修改相应部分的控制软件，且其系统性价比较高，能够满足大多数数控机床生产厂家的需要。

4）全软件型的开放式数控系统

全软件型的开放式数控系统是一种最新型的开放式体系结构的数控系统，所有的数控功能（包括插补、位置控制等）全部是由计算机软件来实现的。与前几种数控系统相比，全软件型开放式数控系统具有最高的性价比，因而最有生命力。其典型产品有德国 Power Automation 公司的 PA8000NT 以及 NUM 公司的 NUM1020 系统等。

4. 数控机床的组成及工作过程

（1）数控机床的组成

数控机床通常由程序载体、输入/输出装置、数控装置、伺服系统、位置反馈系统和机床本体组成，如图1.8所示。

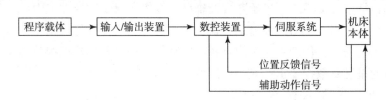

图1.8 数控机床的组成

1）程序载体

数控机床是按照编程人员编制的工件加工程序运行的。工件加工程序包括机床上刀具和工件的相对运动轨迹、工艺参数（走刀量主轴转速等）和辅助运动等。通常编程人员将工件加工程序以一定的格式和代码存储在一种载体上，如穿孔纸带、磁带、软盘和U盘等，并通过数控机床的输入装置，将程序信息输入到数控装置内。

2）输入/输出装置

输入装置的作用是将程序载体上的数控代码信息转换成相应的电脉冲信号，并传送至数控装置的存储器。根据程序控制介质的不同，输入装置可以是光电阅读机、录放机或软盘驱动器（最早使用光电阅读机对穿孔纸带进行阅读，之后大量使用磁带机和软盘驱动器）。有些数控机床不用任何程序存储载体，而是将程序清单的内容通过数控装置上的键盘，用手工的方式输入。也可以用通信方式将数控程序由编程计算机直接传送至数控装置。输出装置可以对数控机床的运行状态、输入的程序和报警信息等进行显示，便于操作人员对程序进行编辑、修改和调试，以帮助操作人员判断故障情况等。输入/输出装置就是人机交互设备，常用的人机交互设备有键盘、显示器和光电阅读机等。

3）数控装置

数控装置是数控机床的核心，包括微型计算机、各种接口电路和显示器等硬件及相应的软件。它能完成信息的输入、储存、变换、插补运算，并具有各种控制功能。数控装置接收输入装置送来的脉冲信号，经过编译、运算和逻辑处理后，输出各种信号和指令来控制机床的各个部分，并按程序要求实现规定的、有序的动作。这些控制信号是：各坐标轴的进给位移量、进给方向和速度的指令信号；主动部件的变速、换向和启停指令信号；选择和交换刀具的刀具指令信号；控制冷却、润滑的启停，工件和机床部件松开、夹紧，分度工作台转位等的辅助信号。

4）伺服系统

伺服系统主要完成机床的运动及运动控制（包括进给运动、主轴运动和位置控制等），由伺服驱动电路和伺服驱动电动机组成。它接收来自数控装置的位置控制信息，并将其转换成相应坐标轴的精确运动和精确的定位运动，以驱动机床执行机构运动。由于是数控机床的最后控制环节，故其性能将直接影响数控机床的生产效率、加工精度和表面加工质量。

5）位置反馈系统

位置反馈系统的作用是通过位置传感器将伺服电动机的角位移或数控机床执行机构的直线位移转换成电信号，输送给数控装置，使之与指令信号进行比较，并由数控装置发出指令，纠正所产生的误差，使数控机床按照工件加工程序要求的进给位置和速度完成加工。

6）机床本体

机床本体包括主传动系统、进给系统及辅助装置等。对于数控加工中心，其还包括存放刀具的刀库、自动换刀（ATC）和自动托盘交换装置等。与传统的机床相比，数控机床的结构强度、刚度和抗震性，传动系统和刀具系统的部件结构以及操作机构等方面都发生了很大的变化，其目的是满足数控要求和充分发挥数控机床的效能。

(2) 数控机床的工作过程

数控机床加工工件的工作过程如图1.9所示。

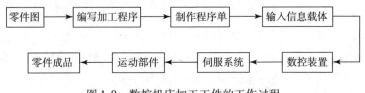

图1.9 数控机床加工工件的工作过程

①对被加工的零件及其毛坯进行分析，并根据工件图样要求，确定工件加工的工艺过程，具体包括确定有关基准、选择加工方案、选择刀具和切削用量、确定补偿方案及工艺指令等。

②用规定的代码和程序格式将它们编制成加工程序，并记录在信息载体或外部计算机的硬盘上。加工时，由系统输入装置或直接从外部计算机将加工程序输入或调入数控装置，数控装置对信息进行处理和运算后，向伺服系统输出响应的指令信号，伺服系统便发出指令驱动运动部件按照预定的轨迹运动，从而自动加工出所要求的合格工件。数控机床的加工是把刀具与工件的运动轨迹按坐标分割成一些最小的单位量，即最小位移量，由数控系统按照零件程序的要求，用这些最小位移量控制刀具的运动轨迹，从而实现刀具与工件的相对运动，以完成零件的加工。

二、数控编程概述

1. 数控编程的概念

数控编程是程序编制人员使用数控系统的程序指令，按照规定的程序格式，逐段编写加工程序的过程，包括从分析零件图样到获得数控机床所需控制介质的全过程。

理想的加工程序不仅能加工出符合图样要求的合格零件，还能使数控机床在使用过程中发挥其应有的功效，安全、可靠、高效地工作。因此，数控程序编制是数控加工技术中一项十分重要的内容，为了编制正确的数控程序，程序编制人员应对数控机床功能、程序指令及代码十分熟悉。

2. 数控编程的方法

数控编程一般分为手工编程和自动编程两种方法。

(1) 手工编程

手工编程就是从分析零件图样、确定加工工艺过程、数值计算、编写零件加工程序单、制备控制介质到程序校验等工作，都由人工完成。对于形状简单、计算量小、编程量不大的零件，采用手工编程较容易，而且经济、快捷。因此，有点位加工或由直线与圆弧组成的轮廓加工中,手工编程仍广泛应用。但对于形状复杂的零件,特别是具有非圆曲线、列表曲线及曲面组成的零件,用手工编程不仅工作量大,而且出错的概率增大,有时甚至无法完成,故必须采用自动编程软件进行编程。

(2) 自动编程

自动编程是利用计算机专用软件编制数控加工程序的过程。编程人员只需根据零件图样的要求,使用数控编程语言,由计算机自动进行数值计算及后置处理,编写出零件加工程序单,然后加工程序通过直接通信的方式送入数控系统,指挥机床工作。自动编程使得一些计算烦琐、手工编程困难或手工编程无法编制的程序能够顺利完成。

3. 数控编程的内容和步骤

数控编程的内容和步骤如图 1.10 所示。

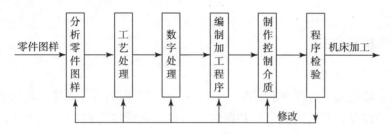

图 1.10 数控编程的内容和步骤

(1) 分析零件图样并进行工艺处理

对零件图样规定的技术特性、几何形状、尺寸及工艺要求进行分析,确定加工方案,选择适合的数控机床,选择、设计刀具和夹具,确定合理的走刀路线,选择合理的切削用量。

(2) 进行数学处理

根据零件的几何尺寸及加工路线,计算刀具的中心运动轨迹,以获得刀位数据。对于加工由圆弧和直线组成的较简单的平面零件,只需计算出零件轮廓上几何元素的起点、终点、圆弧的圆心坐标值及相邻几何元素的交点或切点的坐标值即可;无刀具补偿功能的数控系统,还应计算刀具运动的中心轨迹;对于较复杂的零件或零件的几何形状与控制系统的插补功能不一致时,需要进行较复杂的数值计算。例如对渐开线、阿基米德螺旋线等非圆曲线,则需要用直线段或圆弧段来逼近,在满足加工精度的条件下,计算出曲线各节点的坐标值;对于列表曲线、空间曲面的程序编制,其数学处理更复杂,一般需用计算机辅助计算,否则难以完成。

(3) 编写零件加工程序

用机床规定的代码和程序格式编写零件加工程序单,或应用自动编程系统 APT(Automatically Programmed Tool)进行零件加工程序设计。

(4) 程序输入

根据程序单上的代码,用纸带穿孔机或 APT 系统制作记载加工信息的穿孔纸带,通过阅读机将穿孔纸带上记载的加工信息(即代码)输入数控装置;或用 MDI(手动数据输入)方式,通过操作面板的键盘,直接将加工程序输入数控装置;或采用微机存储加工程序,经过串行接口 RS—232 将加工程序传送给数控装置或计算机直接数控(Direct Numerical Control,DNC)通信接口,可以边传送边加工。数控装置在事先存入的控制程序支持下,将代码进行处理和计算后，向机床的伺服系统发出相应的脉冲信号，通过伺服系统使机床按预定的轨迹运动进行零件的加工。

（5）程序检验

一般说来，正式加工之前，要对程序进行检验。对于平面零件可用笔代替刀具，以坐标纸代替工件进行空运转画图，通过检查机床动作和运动轨迹的正确性来检验程序。在具有图形模拟显示功能的数控机床上，可通过显示走刀轨迹或模拟刀具对工件的切削过程，对程序进行检查。对于复杂的零件，需要采用铝件、塑料或石蜡等易切材料进行试切，通过检查试件，不仅可确认程序是否正确，还可以确认加工精度是否符合要求。若采用与被加工工件材质相同的材料进行试切，则更能反映出实际加工效果。

当发现工件不符合加工技术要求时，可修改程序或采取尺寸补偿等措施使工件最终符合加工技术要求。

三、程序的结构与格式

1. 加工程序的组成结构

加工程序是数控加工过程中重要的一个环节。对于不同的数控系统，其加工程序的结构及程序段格式可能存在某些差异，对功能较强的数控系统加工程序，可分为主程序和子程序。不管是主程序还是子程序，每一个程序都是由程序号、程序主体和程序结束三大部分组成。程序的内容则由若干段程序段组成，程序段由若干个字组成，每个字又由字母和数字组成。即字母和数字组成字，字组成程序段，程序段组成程序。

在如图 1.1 所示简单轴零件的程序清单中，开始符和结束符用同一字符%表示，程序名为 O0101；程序主体由 18 个程序段组成，每个程序段都有若干个字，如第一程序段有 5 个字，其中每个字如"X100"，由地址符"X"和一串数字"100"组成，每个程序段均包含了程序的开始、程序内容及结束部分，并均以"字母+数字"开头，以"；"结束；结束部分用"M30"表示。另外，在书写、打印和屏幕显示时，每个程序段各占一行，一个加工程序的最大长度取决于数控系统中零件程序存储区的容量。对于一个程序段的字符数，某些数控系统规定了一定的限度，如可规定字符数≤90 个。

开始符　　%
程序名　　O0101
程序主体
　　G98 G40 G00 X100 Z100；
　　T0101；
　　…
　　G70 P1 Q2；
　　G40 G00 X100 Z100；
程序结束　M30；
结束符　　%

（1）程序名

程序名是程序的开始部分，每一独立的程序都要有一个自己的程序编号，以便进行程序检索，在编号前采用程序编号地址码。在 FUNUC 数控系统中，程序编名地址用英文字母"O"表示，一般采用英文字母 O 及其后 4 位十进制数表示程序号（"O××××"），4 位数中若前面为0,则可以省略,如"O0101"等效于"O101"。有些系统有时也采用符号"%"或"P"及其后4位十进制数表示程序号。在有些现代数控系统中,加工程序号的地址和通常的计算机文件命名基本一致。

(2) 程序内容

程序内容部分是整个程序的核心,包含加工前车床状态要求和刀具加工零件时的运动轨迹,通常由许多程序段组成,每个程序段由一个或多个指令构成,它表示数控机床要完成的全部动作。通过执行加工前车床状态要求程序段,可以完成指定刀具的安装、刀具参数的补偿、旋转方向、进给速度及以什么方式、什么位置切入工件等一系列刀具切入工件前车床状态的切削准备工作。刀具加工零件时的运动轨迹程序内容主要描述被加工工件表面的几何轮廓及完成被加工工件表面轮廓的切削加工。

(3) 程序结束

该部分的程序内容是当刀具完成对工件的切削后,刀具以什么方式退出切削及退出切削后刀具停留在何处及车床处在什么状态等,一般以 M02 或 M30 结束整个程序,作为程序结束的符号,并用来结束零件加工。

2. 程序段格式

零件的加工程序是由程序段组成的。程序段的格式是指一个程序段中字、字符、数据的书写规则,通常有字—地址程序段格式、使用分隔符的程序段格式和固定程序段格式。最常用的是字—地址程序段格式,这种格式由语句号字、数据字和程序段结束组成。各字前有地址,字的排列顺序要求不严,数据的位数可多可少,不需要的字以及与上一程序段相同的续效指令可以不写。该格式的优点是程序简短、直观,容易检查和修改,目前使用广泛。国际上关于数控加工程序的内容、指令和程序段格式有很多标准,实际上并没完全统一,因此在编制具体零件加工程序前,必须详细了解机床数控系统编程说明书中的具体指令格式和编程方法。这里仅将常见指令和程序段的格式作简单说明。

字—地址程序段格式的编写顺序如下:

N~G~X~Y~Z~I~J~K~P~Q~R~A~B~C~F~S~T~M~L~F~

上述程序段中包括各种指令,但并非在加工程序的每个程序段中都有,而是根据各程序段的具体功能来编入相应的指令。例如 G98 G40 G00 X100 Z100 程序段。

3. 程序段内各字的说明

地址符的定义见表1.2。

表1.2 地址符定义

地址	功能	意义
%、O、P	程序号	程序编号及子程序指令
N	顺序号	顺序编号(程序段号)
G	准备机能	指令动作方式(直线、圆弧等)
X、Y、Z	坐标字	坐标轴的移动指令
I、J、K		圆弧中心坐标
U、V、W、A、B、C		附加轴的移动、旋转指令

续表

地址	功能	意义
F	进给速度	进给速度指令
S	主轴机能	主轴旋转速度的指令
T	刀具机能	刀具编号指令
M、B	辅助机能	机床开/关指令，指定工作台分度等
H、D	补偿号	补偿号指令
P、X	暂停	暂停时间指令
L	重复次数	子程序及固定循环的重复次数
R	画弧半径	实际上是坐标字的一种

（1）语句号字

用以识别程序段的编号，由地址码 N 和后面若干个数字组成。如程序中 N10 和 N80 分别表示该语句的句号为 10 和 80。

（2）准备功能 G 指令

它是使数控机床做好某种操作准备的指令，用地址 G 和两位数字表示，从 G00～G99 共 100 种。目前，有的数控系统也使用 0～99 之外的数字，具体功能见表 1.3。

表 1.3　FANUC 0i 数控 G 码功能

G 代码	功能	G 代码	功能
G00	快速定位	G23	行程检查功能关闭
G01	直线插补	G27	机械原点复位检查
G02	顺时针圆弧插补	G28	机械原点复位
G03	逆时针圆弧插补	G29	从参考点复位
G04	暂停、正确停止	G30	第二原点复位
G09	正确停止	G31	跳跃功能
G10	资料设置	G33	螺纹切削
G11	资料设置模式取消	G39	转角补正圆弧切削
G15	极坐标指令取消	G40	刀具半径补偿取消
G16	极坐标指令	G41	刀具半径左补偿
G17	XY 平面选择	G42	刀具半径右补偿
G18	ZX 平面选择	G43	刀具长度正补偿
G19	YZ 平面选择	G44	刀具长度负补偿
G20	英制输入	G49	刀具长度补偿取消
G21	公制输入	G52	局部坐系设置
G22	行程检查功能打开	G53	机械坐标系选择

续表

G代码	功能	G代码	功能
G54	第一工件坐标设置	G82	钻孔循环、反镗孔
G55	第二工件坐标设置	G83	深孔钻孔循环
G56	第三工件坐标设置	G84	试图螺纹循环
G57	第四工件坐标设置	G85	粗镗孔循环
G58	第五工件坐标设置	G86	镗孔循环
G59	第六工件坐标设置	G87	反镗孔循环
G65	宏程序调用	G88	镗孔循环
G66	宏程序调用模态	G89	镗孔循环
G67	宏程序调用取消	G90	绝对指令
G73	高速深孔钻孔循环	G91	增量指令
G74	左旋攻螺纹循环	G92	坐标系设置
G76	精镗孔循环	G98	固定循环中起点复位
G80	固定循环取消	G99	固定循环中R点复位
G81	钻孔循环、钻镗孔		

（3）尺寸字

由地址码"＋""－"号及绝对（或增量）数值构成，尺寸字的地址码有X、Y、Z、U、V、W、P、Q、R、A、B、C、I、J、K、D、H等，如程序段G71 P1 Q2 U0.6 W0.4 F120。

（4）进给功能字F

表示刀具中心运动时的进给速度，由地址码F和其后面若干位数字构成。

（5）主轴转速功能字S

用来指定主轴的转速，由地址码S和后面若干位数字组成。

（6）刀具功能字T

用于选择刀具或刀具偏置和补偿，由地址码T和若干位数字组成。

（7）辅助功能字M

辅助功能也叫M功能或M代码，是控制机床或系统开关功能的一种命令，由地址码M和后面的两位数字组成，从M00～M99共100种，具体功能见表1.4。

表1.4 FANUC 0i 数控系统 M 码功能

M代码	功能
M00	程序停止
M01	条件程序停止
M02	程序结束
M03	主轴正转

续表

M 代码	功　　能
M04	主轴反转
M05	主轴停止
M06	刀具交换
M08	冷却开
M09	冷却关
M18	主轴定向解除
M19	主轴定向
M29	刚性攻丝
M30	程序结束并返回程序头
M98	调用子程序
M99	子程序结束返回/重复执行

(8) 坐标字

由坐标地址符（如 X、Y 等）、"+"和"-"符号及绝对值（或增量）的数值组成，且按一定的顺序进行排列。坐标字的"+"可省略。各坐标轴的地址符按下列顺序排列：

X、Y、Z、U、V、W、P、Q、R、A、B、C、D、E。

四、数控车削刀具补偿

1. 数控车削刀具偏置补偿和刀具磨损补偿

在进行程序编制时，设定刀架上各刀在工作位置时，其刀尖位置是一致的。但由于在数控车削过程中，一个零件从毛坯到成品需要数把刀，不同刀具的几何形状及安装不同，其刀尖位置是不一致的，且其相对于工件原点的距离也是不同的。因此，需要将各刀具的位置值进行比较和设定，称为刀具偏置补偿。刀具偏置补偿可使加工程序不随刀尖位置的不同而改变。刀具偏置补偿有相对补偿和绝对补偿两种形式。

如图 1.11 所示，在对刀时，确定一把刀为标准刀具，并以其刀尖位置 A 为依据建立坐标系。这样，当其他各刀转到加工位置时，刀尖位置 B 相对标准刀具刀尖位置 A 就会出现偏置，原来建立的坐标系就不再适用，因此应对非标准刀具相对于标准刀具之间的偏置值 ΔX、ΔZ 进行补偿，使刀尖位置 B 移至位置 A。标准刀具位置值为机床回到机床零点时，工件坐标系零点相对于工作位上标准刀具刀尖位置的有向距离。

绝对补偿形式是指机床回到机床零点时，工件坐标系零点相对于刀架工作位上各刀刀尖位置的有向距离。当执行刀偏补偿时，各刀以此值设定各自的加工坐标系，如图 1.12 所示。

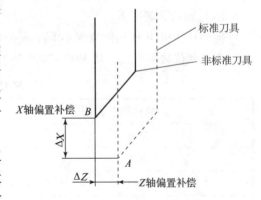

图 1.11　刀具偏置的相对补偿形式

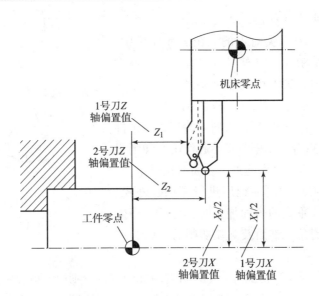

图 1.12 刀具偏置的绝对补偿形式

刀具使用一段时间后磨损，也会导致产品尺寸产生误差，因此需要对其进行补偿。该补偿与刀具偏置补偿存放在同一个寄存器的地址号中。各刀的磨损补偿只对该刀有效（包括标刀）。

刀具偏置通常由 T 代码指定。在 FANUC0i 系统中，T 代码指令有两种方式：一种是两位数指令；另一种是四位数指令。T 代码的说明如下：T××（刀具号）+××（刀具补偿号）。

两位数指令是指 T 地址后面跟两位数字，第一位表示刀号，第二位数字表示刀具磨损和刀具几何偏置号。例如 T12 表示调用第 1 号刀，调用第 2 组刀具磨损和刀具几何偏置。还有一种方法是把几何偏置和磨损偏置分开放置，用第 1 位数字表示刀号和刀具几何偏置号，用第 2 位数字表示刀具磨损偏置号。例如 T12 表示调用第 1 号刀，调用第 1 组刀具几何偏置，调用第 2 组刀具磨损偏置。

四位数指令是指 T 地址后面跟四位数字，前两位数字表示刀号，后两位数字表示刀具磨损和刀具几何偏置号。例如 T0102 表示调用第 1 号刀，调用第 2 组刀具磨损和刀具几何偏置。同样的，四位指令也可以把几何偏置和磨损偏置分开放置，用前两位数字表示刀号和刀具几何偏置号，用后两位数字表示刀具磨损偏置号。例如 T0102 表示调用第 1 号刀，调用第 1 组刀具几何偏置，调用第 2 组刀具磨损偏置。

偏置号的指定是由指定偏置号的参数设定的。例如对两位数指令而言，当参数 5002 号 0 位 LD1 设定为 1 时，用 T 代码末位指定刀具磨损偏置号；对于四位数指令而言，当参数 5002 号 0 位 LD1 设定为 0 时，用 T 代码末两位指定刀具磨损偏置号。

刀具偏置号有两种意义，既可用于开始偏置功能，又可用来指定与该号对应的偏置距离。当刀具偏置号后一位（两位数指令）为 0 时或者最后两位（四位数指令）为 00 时，则表明取消。如：T0100 表示选用 1 号刀具，取消刀补。一般情况下，常用四位数指令指定刀具偏置。

2. 数控车削刀尖半径补偿

数控车床是按车刀刀尖对刀的，在实际加工中，由于刀具产生磨损及精加工时车刀刀尖磨成半径不大的圆弧，因此车刀的刀尖不可能绝对尖，总有一个小圆弧，即对刀刀尖的位置是一个假想刀尖 O'，如图 1.13 所示。编程时是按假想刀尖轨迹编程，即工件轮廓与假想刀尖 O' 重合，车削时实际起作用的切削刃却是圆弧各切点，这样就会引起加工表面形状误差。

当用按理论刀尖点编出的程序进行端面、外径、内径等与轴线平行或垂直的表面加工时，是不会产生误差的。但在进行倒角、锥面及圆弧切削时，则会产生少切或过切现象。

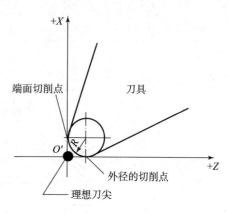

图 1.13　刀尖圆角 R

若工件要求不高或留有精加工余量，可忽略此误差，否则应考虑刀尖圆弧半径对工件形状的影响。为保持工件轮廓形状，加工时不允许刀具中心轨迹与被加工工件轮廓重合，而应与工件轮廓偏置一个半径值 R，这种偏移称为刀尖半径补偿。采用刀尖半径补偿功能后，编程者仍按工件轮廓编程，数控系统计算刀尖轨迹，并按刀尖轨迹运动，从而避免少切或过切现象的产生，如图 1.14 所示。

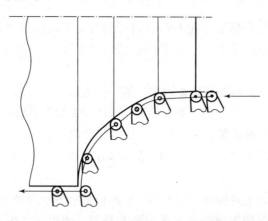

图 1.14　半径补偿后的刀具轨迹

五、程序编制中的数学处理

根据零件图样，按照已确定的加工路线和允许的编程误差，计算编程时所需要的资料，称为数控加工的数值计算。数值计算的内容包括计算零件轮廓的基点和节点的坐标及认识刀具中心运动轨迹坐标计算等在编程中的作用。

1. 基点的含义和计算

一个零件的轮廓往往是由许多不同的几何元素所组成的，如直线、圆弧、二次曲线和特形曲线等。通常把各个几何元素间的联结点称为基点，如两直线间的交点，直线与圆弧或圆弧与圆弧间的交点或切点，圆弧与二次曲线的交点或切点等。大多数零件的轮廓是由直线和圆弧段组成的，这类零件的基点计算较简单，用零件图上已知尺寸数值就可以计算出基点坐标；若不能，则可用联立方程式求解方法求出基点坐标。

基点可以直接作为其运动轨迹的起点和终点，如果将我们所加工的简单轴类零件放置在如图 1.15 所示的坐标系中，由基点概念和几何尺寸可知，A、B、C、D、E、F、G、I 都是该轮廓上的基点，且坐标分别为 A（0，15），B（30，15），C（30，10），D（50，10），E（50，-10），F（30，-10），G（30，-15），I（0，-15）。

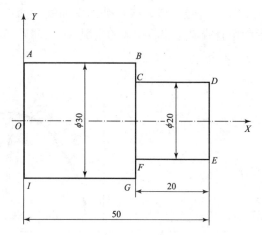

图 1.15 零件的基点

根据直接填写加工程序单时的要求，基点直接计算的内容主要有：每条运动轨迹（线段）起点或终点的坐标值和圆弧运动轨迹的圆心坐标值。

简单零件的基点坐标值可以通过直接计算的方法确定，一般根据零件图样所给的已知条件由人工完成，即根据零件图上给定的尺寸，运用代数、三角、几何或解析几何的有关知识，直接计算出数值，复杂零件的基点坐标值可通过计算机自动计算而获得结果。下面列举一个实例进行简单说明。如图 1.16（a）所示的车削零件，已知条件已在图中标注，计算 P_2 点的 Z 坐标数值。

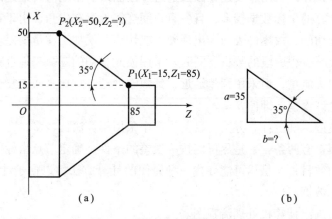

图 1.16 基点坐标计算实例一

（1）分析题意，可用三角函数和勾股定理进行计算。

（2）首先计算如图 1.16（b）中所示的直角边的边长：

$$b = a/\tan 35° = 35/\tan 35° = 35/0.7 = 50 \text{（mm）}$$

（3）然后作 Z 向尺寸计算：

$Z_2 = Z_1 - b = 85 - 50 = 35$（mm）。

2. 节点的含义和计算

当被加工零件轮廓形状与机床的插补功能不一致时，如在只有直线和圆弧插补功能的数控机床上加工双曲线、抛物线、阿基米德螺旋线或列表曲线时，就要采用逼近法加工，即用直线或圆弧去逼近被加工曲线。这时，逼近线与被加工曲线的交点，称为节点。如图 1.17 所示，图 1.17（a）所示为用直线逼近非圆曲线的情况，图 1.17（b）所示为用圆弧逼近非圆曲线的情况。

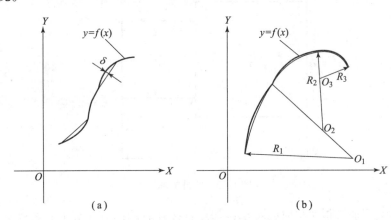

图 1.17 零件的节点

编写程序段时，应按节点划分程序段。逼近线的近似区间越大，则节点数目越少，相应的程序段数目也会减少，但逼近线的误差 δ 应小于或等于编程允许误差 $\delta_允$，即 $\delta \leqslant \delta_允$。考虑到工艺系统及计算误差的影响，一般取零件公差的 $1/5 \sim 1/10$。

非圆曲线轮廓零件的数值计算过程，一般可按以下步骤进行：

①选择插补方式，即采用直线还是圆弧逼近非圆曲线。采用直线逼近的方式，一般数学处理较简单，但计算的坐标数据较多，且各直线间连接处存在尖角，由于在尖角处刀具不能连续地对零件进行切削，故零件表面会出现硬点或切痕，使加工质量变差。采用圆弧段逼近的方式，可以大大减少程序段的数目，同时若采用彼此相切的圆弧来逼近非圆曲线，则可以提高零件表面的加工质量，但采用圆弧逼近，其数学处理过程比直线要复杂一些。

②确定编程允许误差，即使 $\delta \leqslant \delta_允$。

③选择数学模型，确定计算方法。目前生产中采用的算法比较多，在决定采用什么算法时，主要考虑的因素有两条：一是尽可能按等误差的条件，确定节点坐标位置，以便最大程度地减少程序段的数目；二是尽可能寻找一种简便的计算方法，以便于计算机程序的制作，及时得到节点坐标数据。

④根据算法，画出计算机处理流程图。

⑤用高级语言编写程序，上机调试，并获得节点坐标数据。

3. 刀具中心轨迹计算

当采用圆弧形车刀进行车削加工时，因刀位点规定在刀具轴心或球心上，故编程时都应根据工件的加工轮廓和设定的刀具半径量，按刀具半径补偿方法编制刀具中心运动轨迹的程序段。

在全功能数控机床中，数控系统有刀具补偿功能，所以可按工件轮廓尺寸编制程序，建立、执行补刀后，数控系统自动计算，刀位点自动调整到刀具运动轨迹上。直接利用工件尺寸编制加工程序，刀具磨损更换后，加工程序不变，因此使用简单、方便。

经济型数控机床结构简单，价格低，在生产企业中有一定的拥有量。在经济型数控机床中，如果没有刀具补偿功能，则只能按刀位点的运动轨迹尺寸编制加工程序，这就需要先根据工件轮廓尺寸和刀具直径计算出刀位点的轨迹尺寸。因此计算量大、复杂，且刀具磨损、更换后需要重新计算刀位点的轨迹尺寸及编制加工程序。

任务实施

一、制定简单轴零件加工工作流程

①零件图工艺分析。
②确定装夹方案和定位基准。
③选择刀具及切削用量。
④确定加工顺序及进给路线。
⑤计算坐标点。
⑥确定编程路线及过程。
⑦编写数控加工程序。
⑧领用工具。
⑨打开机床电源。
⑩返回机床参考点。
⑪手动进行 X、Z 轴的移动。
⑫装夹工件毛坯。
⑬装夹刀具并校正。
⑭对车刀进行对刀。
⑮输入程序并进行编辑修改。
⑯零件首件试切。
⑰检测零件及校正刀偏值。
⑱切断机床电源。
⑲检查与评价。

二、简单轴零件加工工作条件准备

①机床设备：FANUC 数控系统车床数台。
②刀具类：数控车床用普通焊接式外圆车刀等。
③量具类：游标卡尺和外径千分尺等。
④工艺装备类：各类扳手及通用夹紧元件等。

⑤手册类:各类刀具手册、各类数控系统手册、相关机床操作手册及工艺手册等。

⑥模拟软件类:上海宇龙仿真模拟软件和南京宇航仿真模拟软件等。

⑦辅助工具:通用计算机。

⑧工件材料:45 钢棒料。

三、简单轴零件工艺分析与程序编写

1. 零件图工艺分析

图 1.1 所示为简单轴,毛坯为 $\phi 30$mm 的 45 钢棒材,无热处理和硬度要求,有足够的夹持长度,单件生产。

该零件外形较简单,需要加工端面、台阶和外圆。毛坯为 $\phi 30$mm×80mm,对 $\phi 20$ mm、$\phi 28$ mm 有一定的精度要求,对长度 20 mm 和 50 mm 无精度要求。工艺处理与普通车床加工工艺相似。数控加工工序卡见表 1.5。

表 1.5 数控加工工序卡

材料	45 钢	零件图号		零件名称	简单轴	工序号	001
程序名	O0101	机床设备	FANUC 0i 数控车床	夹具名称		三爪自定心卡盘	
工步号	工步内容（走刀路线）		G 功能	T 刀具	切削用量		
					转速 n /(r·min^{-1})	进给量 f /(mm·r^{-1})	背吃刀量 a_p /mm
1	粗车工件外轮廓		G71	T0101	600	0.2	2.0
2	精车工件外轮廓		G70	T0202	1 000	0.1	0.5
3	手动切断			T0303	400	0.05	

2. 确定装夹方案和定位基准

使用三爪自定心液压卡盘夹持零件毛坯外圆 $\phi 30$mm 处,确定零件伸出合适的长度(把车床的限位距离考虑进去),零件的加工长度为 50mm,零件完成后需要割断。割断刀宽度为 4mm,卡盘的限位安全距离为 5mm,因此,零件应伸出卡盘总长 60mm 以上。零件装好后离卡爪较远部分需要敲击校正,才能使工件整个轴线与主轴轴线同轴。

3. 选择刀具及切削用量

选择刀具时需要根据零件结构特征确定刀具类型,如切槽需用切槽刀、车螺纹需用螺纹刀等,安排该刀具在刀架上的刀号,以便对刀及编程时对应。此零件只需加工端面、外圆及切断,选用普通焊接式外圆车刀和切槽刀即可,外圆车刀装在 1 号刀位上,切槽刀装在 2 号刀位上。根据零件精度要求和工序安排确定刀具几何参数及切削用量,见表 1.6。

表 1.6 刀具及切削用量

工步	工步内容	刀具号	刀具类型	主轴转速 /(r·min^{-1})	进给量 /(mm·r^{-1})	备注
1	平端面	T01	普通外圆车刀	600	0.2	
2	粗车外圆台阶	T01	普通外圆车刀	600	0.2	
3	精车外圆台阶	T02	普通外圆车刀	1 000	0.1	
4	切断	T03	4mm 切断刀	400	0.05	手动

任务1 数控车削编程与加工基础知识

4. 确定加工顺序及进给路线

该零件单件生产,端面为设计基准,也是长度方向的测量基准。选用普通外圆车刀进行粗、精加工,刀号为 T0101、T0202,工件坐标系原点在右端。加工前刀架从任意位置回参考点,进行换刀动作(确保1号刀在当前刀位),建立1号刀工件坐标系。再回到程序起始点,同时启动主轴,准备加工。

5. 坐标点计算

在手工编程时,要根据图样尺寸和设定的编程原点,按确定的加工路线对刀尖从加工开始到结束过程中每个运动轨迹的起点或终点坐标数值进行仔细计算。对于较简单的零件,不需进行特别数学处理的,一般可在编程过程中确定各点坐标值。

6. 确定编程路线及过程

(1) 平端面

在端面余量不大的情况下,一般采用自外向内的切削路线,注意刀尖中心与轴线等高,避免崩刀尖,且要过轴线,以免留下尖角。启用机床恒线速度功能以保证端面表面质量。端面加工完成后刀具移动到粗车外圆第一刀的起点。

(2) 毛坯粗车

毛坯总余量为 10mm,分5刀粗加工 ϕ20mm 和 ϕ28mm 三个台阶外圆面,径向留精车余量 0.4mm。

7. 编写数控加工程序

数控加工程序详见表 1.1。

四、简单轴加工

1. 领用工具

领用数控车削加工零件的工、刃、量具清单,见表 1.7。

表 1.7 数控车削加工零件的工、刃、量具清单

序号	名称	规格	数量	备注
1	游标卡尺	0~150mm/0.02mm	1	
2	外径千分尺	0~50mm/0.01mm	1	
3	焊接式外圆(端面)车刀	90°	1	
4	外切槽刀	4mm	1	
5	材料	ϕ30mm×80mm 的45钢棒材	1	
6	其他	铜棒、铜皮、毛刷等常用工具;计算机、计算器、编程用书等		选用

2. 简单轴加工步骤

① 打开机床电源及返回机床参考点。
② 装夹工件毛坯并校正。
③ 装夹刀具并校正。
④ 依次对刀并设置刀偏值。

⑤程序的输入、编辑和修改。
⑥程序调试（图形模拟加工）。
⑦程序的自动运行。
⑧检测零件及校正刀偏值。
⑨切断机床电源。

五、检查评估

加工完成后对零件进行去毛刺和尺寸的检测，零件质量检测评价见表1.8。检测完后对整个加工过程出现过的问题和可能出现的问题进行评估、总结。

表1.8 零件质量检测评价

项目	序号	技术要求	配分	评分标准	得分
程序与工艺（15%）	1	程序正确完整	5	不规范每处扣1分	
	2	切削用量合理	5	每错一处扣1分	
	3	工艺过程规范合理	5	不合理每处扣1分	
机床操作（20%）	4	刀具选择正确	5	不正确每处扣1分	
	5	对刀及坐标系设定正确	5	不正确每处扣1分	
	6	机床操作规范	5	不规范每处扣1分	
	7	工件加工不出错	5	出错全扣	
工件质量（35%）	8	尺寸精度符合要求	25	不合格每处扣1分	
	9	表面粗糙度及形位公差符合要求	10	不合格每处扣1分	
文明生产（15%）	10	安全操作	5	出错全扣	
	11	机床维护与保养	5	不合格全扣	
	12	工作场所整理	5	不合格全扣	
相关知识及职业能力（15%）	13	数控加工基础知识	5	教师提问	
	14	自学与表达沟通能力	10	教师根据学员的学习情况、表达沟通能力、合作能力和创新能力酌情给分	
		合作与创新能力			

知识拓展

1. 数控车床坐标系及编程要点

规定数控机床坐标轴及运动方向是为了准确地描述机床的运动，简化程序的编制，并使所编程序具有互换性。目前国际标准化组织已经统一了标准坐标系，我国也颁布了相关标准（JB/T 3501—1982），并对数控机床的坐标和运动方向作了明文规定。

(1) 坐标和运动方向命名的原则

机床在加工零件时可以是刀具移向工件,也可以是工件移向刀具。为了根据图样确定机床的加工过程,规定:永远假定刀具相对于静止的工件坐标系而运动。

(2) 数控车床坐标系

数控机床上的坐标系采用右手直角笛卡儿坐标系,如图 1.18 所示。右手的大拇指、食指和中指保持相互垂直,食指指向为 Y 轴的正方向,拇指指向为 X 轴的正方向,中指指向为 Z 轴的正方向。

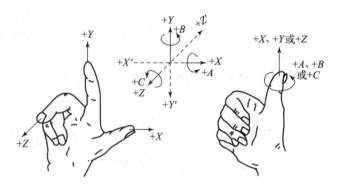

图 1.18 右手笛卡儿直角坐标系

数控车床的 Z 轴为主轴,指向尾座的方向为正。X 轴在工件的径向上,且平行于横向滑座,刀具远离主轴中心的方向为 X 轴的正方向。图 1.19 所示为数控车床坐标系。

(3) 机床原点

机床原点是指在机床上设置的一个固定点。在数控车床上,机床原点一般取在卡盘端面与主轴中心线的交点处,如图 1.20 所示。通过设置参数的方法,也可将机床原点设定在 X、Z 坐标轴正方向的极限位置(极限位置是由行程开关控制)。

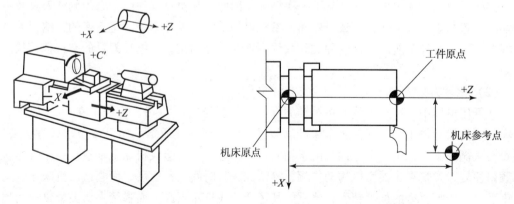

图 1.19 数控车床坐标系　　　　图 1.20 数控车床机床原点

(4) 机床参考点

机床参考点是机床坐标系中一个固定不变的点,是机床各运动部件在各自的正向自动退至极限的一个点(由限位开关精密定位),如图 1.5 所示。机床参考点已由机床制造厂测定后输入数控系统,并记录在机床说明书中,用户不得更改。

实际上,机床参考点是机床上最具体的一个机械固定点,其既是运动部件返回时的一个固定点，又是各轴启动时的一个固定点，而机床零点（机床原点）只是系统内运算的基准点，处于机床何处无关紧要。机床参考点对机床原点的坐标是一个已知定值，可以根据该点在机床坐标系中的坐标值间接确定机床原点的位置。

在机床接通电源后，通常要做回零操作，使刀具或工作台运动到机床参考点。注意，通常我们所说的回零操作其实是指机床返回参考点的操作，并非返回机床零点。当返回参考点的工作完成后，显示器即显示出机床参考点在机床坐标系中的坐标值，表明机床坐标系已经自动建立。机床在回参考点时所显示的数值表示参考点与机床零点间的工作范围，该数值被记忆在 CNC 系统中，并在系统中建立了机床零点作为系统内运算的基准点。也有机床在返回参考点时，显示为零（$X0$，$Y0$，$Z0$），这表示该机床零点被建立在参考点上。

(5) 编程原点及设定指令

编程原点（即工件原点）是根据加工零件图样及加工工艺要求选定的编程坐标系的原点。为了有利于编程，工件原点应尽量选择在零件的设计基准或工艺基准上，编程坐标系（即工件坐标系）中各坐标轴的方向应该与所使用的数控机床坐标系相应的坐标轴方向一致，如图 1.20 所示的编程原点。G50 是建立工件坐标系的指令，当用绝对尺寸编程时，必须建立一坐标系，用来确定刀具起始点在坐标系中的坐标值。

2. 数控车床编程技巧

数控车床虽然加工柔性比普通车床优越，但就某一种零件的生产效率而言，其与普通车床还存在一定的差距。因此，提高数控车床的效率便成为关键，而合理运用编程技巧编制高效率的加工程序，对提高机床效率往往具有意想不到的效果。

(1) 灵活设置参考点

数控车床共有两根轴，即主轴 Z 和刀具轴 X。棒料中心为坐标系原点，各刀接近棒料时，坐标值减小，称为进刀；反之，坐标值增大，称为退刀。当退到刀具开始位置时，刀具停止，此位置称为参考点。参考点是编程中一个非常重要的概念，每执行完一次自动循环，刀具都必须返回到这个位置，准备下一次循环。因此，在执行程序前，必须调整刀具及主轴的实际位置与坐标数值保持一致。然而，参考点的实际位置并不是固定不变的，编程人员可以根据零件的直径及所用刀具的种类和数量调整参考点的位置，缩短刀具的空行程，从而提高效率。

(2) 化零为整法

在低压电器中，存在大量的短销轴类零件，其长径比为 2~3，直径多在 3mm 以下。由于零件几何尺寸较小，普通仪表车床难以装夹，故无法保证质量。如果按照常规方法编程，在每一次循环中只加工一个零件，由于轴向尺寸较短，故会造成机床主轴滑块在床身导轨局部频繁往复、弹簧夹头夹紧机构动作频繁等情况。长时间工作之后，便会造成机床导轨局部过度磨损，影响机床的加工精度，严重的甚至会造成机床报废。而弹簧夹头夹紧机构的频繁动作，则会导致控制电器损坏。要解决以上问题，必须加大主轴送进长度和弹簧夹头夹紧机构的动作间隔，同时不能降低生产率。由此设想是否可以在一次加工循环中加工数个零件，则主轴送进长度为单件零件长度的数倍，甚至可达主轴最大运行距离，而弹簧夹头夹紧机构的动作时间间隔相应延长为原来的数倍。更重要的是，原来单件零件的辅助时间分摊在数个零件上，每个零件的辅助时间大为缩短，从而提高了生产效率。

为了实现这一设想，人们联想到了电脑程序设计中主程序和子程序的概念，如果将涉零件几何尺寸的命令字段放在一个子程序中,而将有关机床控制的命令字段及切断零件的命令字段放在主程序中,则每加工一个零件时,由主程序通过调用子程序命令调用一次子程序,加工完成后,再跳转回主程序。需要加工几个零件便调用几次子程序,十分有利于增减每次循环加工零件的数目。通过这种方式编制的加工程序也比较简洁明了,便于修改、维护。值得注意的是,由于子程序的各项参数在每次调用中都保持不变,而主轴的坐标时刻在变化,故为与主程序相适应,在子程序中必须采用相对编程语句。

(3) 减少刀具空行程

在数控车床中,刀具的运动是依靠步进电动机来带动的,尽管在程序命令中有快速点定位命令 G00,但与普通车床的进给方式相比,依然显得效率不高。因此,要想提高机床效率,必须提高刀具的运行效率。刀具的空行程是指刀具接近工件和切削完毕后退回参考点所运行的距离。只要减少刀具空行程,就可以提高刀具的运行效率。(对于点位控制的数控车床,只要求定位精度较高,定位过程可尽可能快,而刀具相对工件的运动路线是无关紧要的。)在机床调整方面,要将刀具的初始位置安排在尽可能靠近棒料的地方。在程序方面,要根据零件的结构,使用尽可能少的刀具加工零件,使刀具在安装时彼此尽可能分散,这样在很接近棒料时彼此就不会发生干涉;另一方面,由于刀具实际的初始位置已经与原来发生了变化,故必须在程序中对刀具的参考点位置进行修改,使之与实际情况相符,与此同时再配合快速点定位命令,就可以将刀具的空行程控制在最小范围内,从而提高机床加工效率。

(4) 优化参数,平衡刀具负荷,减少刀具磨损

由于零件结构千变万化,故有可能导致刀具切削负荷的不平衡,而由于自身几何形状的差异也会导致不同刀具在刚度、强度方面存在较大差异,例如:右外圆刀与切断刀之间,右外圆刀与左外圆刀之间。如果在编程时不考虑这些差异,而用强度、刚度弱的刀具承受较大的切削载荷,就会导致刀具非正常磨损甚至损坏,且会使零件的加工质量达不到要求。因此编程时必须分析零件结构,用强度、刚度较高的刀具承受较大的切削载荷,用强度、刚度小的刀具承受较小的切削载荷,使不同的刀具都可以采用合理的切削用量,减少磨刀及更换刀具的次数。

习题训练

1. 数控车床的主要加工对象是什么?数控车床有哪几种分类方式?
2. 数控机床由哪些部分组成?其作用是什么?
3. 数控编程的主要内容和步骤是什么?
4. 常见刀具补偿功能的形式和作用是什么?
5. 数控车床编程技巧有哪些?

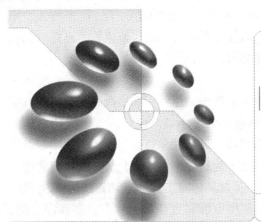

学习情境二 轴类零件的数控编程与加工

任务2 台阶轴编程与加工

任务导入

本任务要求在数控车床上采用三爪自定心卡盘对零件装夹定位,用车刀加工如图2.1所示的台阶轴类零件,并对台阶轴类零件工艺编制、程序编写及数控车削加工全过程进行详解。

知识链接

FANUC 0i 系统机床操作面板相关知识。

1. FANUC 0i - T 系统数控车床操作面板

FANUC 0i - T 系统数控车床操作面板如图2.2所示,系统面板上各按钮的功能见表2.1~表2.6。

任务2　台阶轴编程与加工

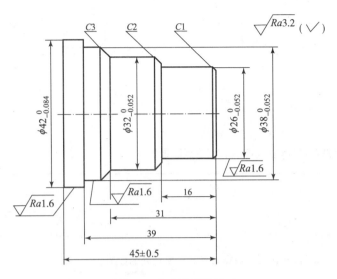

图 2.1　台阶轴类零件

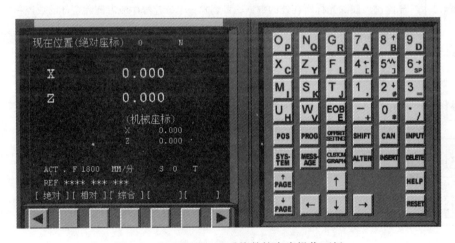

图 2.2　FANUC 0i-T 系统数控车床操作面板

表 2.1　页面切换键

按键	功 能 说 明
POS	位置显示页面。位置显示有三种方式
PROG	数控程序显示与编辑页面。在编辑方式下，编辑和显示内存中的程序；在 MDI 方式下，输入和显示 MDI 数据
OFFSET SETTING	参数输入页面。按一次进入坐标系设置页面，按两次进入刀具补偿参数页面。进入不同的页面以后，用【PAGE】键切换
SYSTEM	系统参数页面。此页面可以查看系统参数
MESSAGE	信息页面。如"报警"信息查看

续表

按键	功能说明
CUSTOM GRAPH	图形参数设置页面
HELP	系统帮助页面
RESET	复位键。可以使CNC复位或者解除报警

表2.2 编辑键

按键	功能说明
ALTER	替代键。用于输入的数据替代光标所在处的数据
DELETE	删除键。删除光标所在处的数据；可删除一个数控程序或者删除全部的数控程序
INSERT	插入键。把输入域之中的数据插入到当前光标之后的位置
CAN	修改键。消除输入域内的数据
EOB E	回撤换行键。结束一行程序的输入并且换行
SHIFT	上档键

表2.3 翻页按钮（PAGE）

按键	功能说明
↑PAGE	向上翻页
↓PAGE	向下翻页

表2.4 光标移动（CURSOR）

按键	功能说明
↑	向上移动光标
↓	向下移动光标

任务2 台阶轴编程与加工

续表

按键	功能说明
←	向左移动光标
→	向右移动光标
■	软键。根据不同的画面，软键有不同的功能。软键功能显示在屏幕的底端
▶	菜单继续键（最右边的软键）
◀	菜单返回键（最左边的软键）

表2.5 数字/字母键

按键	功能说明
O/P N/Q G/R 7/A 8/B 9/D X/C Y/Z F/L 4/↑ 5/→ 6/SP M/I S/K T/J 1/, 2/↓ 3/= U/H W/V EOB/E -/+ 0/# ./	数字/字母键用于输入数据到输入区域，系统自动判别取字母还是取数字

表2.6 输 入 键

按键	功能说明
INPUT	输入键。把输入域内的数据输入参数页面或者输入一个外部的数控程序

2. 数控车床操作面板

数控车床操作面板如图2.3所示。

图2.3 数控车床的操作面板

操作面板上各按钮及开关的功能见表2.7。

表 2.7 操作面板上各按钮及开关的功能

按钮/旋钮	功能说明
模式选择旋钮	模式选择旋钮及步进量调节旋钮。选择机床模式，模式包括编辑模式、自动模式、单段模式、手动模式和手轮模式。使用手轮精确调节机床。其中"×1"为0.001mm，"×10"为0.01mm，"×100"为0.1mm
主轴转速调节旋钮	主轴转速调节旋钮，即改变S码的速度，使之按主轴的转速调整范围50%～120%的倍率发生变化，此开关在任何工作状态下均起作用
FEED RATE OVERRIDE	用于在刀架进行自动运行时调整进给倍率，一般在0%～150%调节。在刀架进行点动时，可以选择点动进给量；当选择空运行时，自动进给操作的F码无效
CYCLE START	按下此按钮，使用编辑及手动方式输入，NC控制机内的程序被自动执行，在执行程序时，该按钮内的指示灯亮，当执行完毕时指示灯灭
FEED HOLD	当机床在自动循环操作时按下此按钮，刀架运动立即停止，"循环启动"指示灯、"进给保持"按钮指示灯亮。"循环启动"按钮可以消除进给保持，使机床继续工作。在"进给保持"状态下，可以对机床进行任何手动操作
HANDLE	手持单元（也称手轮或手摇脉冲发生器）。常用螺旋软线与车床操作面板相连，以便于对刀和找正工件。手轮可使车床定量进给。将状态开关选在"X手摇"或"Z手摇"状态与倍率开关"×1""×10""×100"配合使用，通过摇动旋钮实现刀架移动，每摇一个刻度，刀架将分别走0.001mm、0.01mm和0.1mm
MTCH	手动换刀按钮。在手动状态，按下此按钮，刀架转过一个工位并在最近的一个工位停止锁紧，如果继续按下不松开，刀架始终转位。手动转位只能一个方向转动。在MDI和自动状态下，手动换刀失效
FOR	主轴正转
REV	主轴反转
STOP	主轴停止

续表

按钮/旋钮	功能说明
(-X, -Z, Z, X 方向键)	手动移动机床各轴按钮
SBK	单步执行开关。单步执行有效时,每按一次,程序启动执行一条程序指令
DRN	机床空运行。执行程序时按下此按钮,各编程轴不再按编程速度运动,而是按预先设定的空运行速度高速移动
JBK	程序跳步。自动方式下,跳过程序中带有"/"符号的程序段
MLK	机床锁定开关。按下此按钮,机床各轴被锁住,只能运行程序
(程序保护开关)	程序保护开关。当程序保护处于开的状态时,程序保护无效,即可对内存程序进行编辑、修改;当程序保护处于关的状态时,内存程序将受到保护,即不可对内存程序进行编辑、修改
(急停按钮)	按下此按钮,使机床紧急停止,断开机床主电源。主要应付突发事件,防止撞车事故发生。解除需要旋转此按钮,系统需要重新复位

任务实施

一、制定台阶轴零件加工工作流程

①零件图工艺分析。
②确定装夹方案和定位基准。
③选择刀具及切削用量。
④确定加工顺序及进给路线。
⑤计算坐标点。
⑥确定编程路线及过程。
⑦编写数控加工程序。

⑧领用工具。
⑨打开机床电源。
⑩返回机床参考点。
⑪手动进行 X、Z 轴的移动。
⑫装夹工件毛坯。
⑬装夹刀具并校正。
⑭对车刀进行对刀。
⑮输入程序并进行编辑修改。
⑯零件首件试切。
⑰检测零件及校正刀偏值。
⑱切断机床电源。
⑲检查与评价。

二、台阶轴零件加工工作条件准备

①机床设备：FANUC 数控系统或 HNC－21M 系统数控车床数台。
②刀具类：数控车床用普通焊接式外圆车刀和切槽刀等。
③量具类：游标卡尺、深度尺、内径千分尺、外径千分尺和百分表等。
④工艺装备类：各类扳手及通用夹紧元件等。
⑤手册类：各类刀具手册、各类数控系统手册、相关机床操作手册和工艺手册等。
⑥模拟软件类：上海宇龙仿真模拟软件和南京宇航仿真模拟软件等。
⑦辅助工具：通用计算机。
⑧工件材料：45 钢棒料。

三、台阶轴零件工艺分析与程序编写

1. 零件图工艺分析

图 2.1 所示为台阶轴，毛坯为 ϕ42mm 的 45 钢棒材，无热处理和硬度要求，有足够的夹持长度，单件生产。

该零件外形较简单，需要加工端面、倒角、台阶、外圆并切断。毛坯直径为 42mm，对 ϕ26mm、ϕ32mm、ϕ38mm 外圆尺寸及总长度 45mm 有一定的精度要求。工艺处理与普通车床加工工艺相似，其数控加工工序卡见表 2.8。

表 2.8 数控加工工序卡

材料	45 钢	零件图号		零件名称	台阶轴	工序号	001
程序名	O0201	机床设备	FANUC 0i 数控车床	夹具名称		三爪自定心卡盘	
工步号	工步内容 （走刀路线）		G 功能	T 刀具	切削用量		
					转速 n /(r·min^{-1})	进给量 f /(mm·r^{-1})	背吃刀量 a_p /mm
1	粗车工件外轮廓		G71	T0101	800	0.2	2.0

任务2 台阶轴编程与加工

续表

工步号	工步内容 （走刀路线）	G 功能	T 刀具	切削用量		
				转速 n /(r·min^{-1})	进给量 f /(mm·r^{-1})	背吃刀量 a_p /mm
2	精车工件外轮廓	G70	T0202	1 200	0.1	0.5
3	切断	G01	T0303	400	0.05	

2. 确定装夹方案和定位基准

使用三爪自定心液压卡盘夹持零件毛坯外圆 φ42mm 处，确定零件伸出合适的长度（把车床的限位距离考虑进去），零件的加工长度为 45mm，零件完成后需要切断。切断刀宽度为 4mm，卡盘的限位安全距离为 5mm，因此零件应伸出卡盘总长 55mm 以上。零件装好后离卡爪较远部分需要敲击校正，以使工件整个轴线与主轴轴线同轴。

3. 选择刀具及切削用量

选择刀具时需要根据零件结构特征确定刀具类型，如切槽需用切槽刀、车螺纹需用螺纹刀等，安排该刀具在刀架上的刀具号，以便对刀及编程时对应。此零件只需加工端面及外圆，故选用普通焊接式外圆车刀并装在 1 号刀位上。根据零件精度要求和工序安排确定刀具几何参数及切削用量，见表 2.9。

表 2.9 刀具及切削用量

工步	工步内容	刀具号	刀具类型	主轴转速 /(r·min^{-1})	进给量 /(mm·r^{-1})	备注
1	平端面	T01	普通外圆车刀	800	0.2	
2	粗车外圆台阶	T01	普通外圆车刀	800	0.2	
3	精车外圆台阶	T02	普通外圆车刀	1 000	0.1	
4	切断	T03	4mm 切断刀	600	0.05	

4. 确定加工顺序及进给路线

该零件单件生产，端面为设计基准，也是长度方向的测量基准，选用普通外圆车刀进行粗、精加工，刀号为 T0101，工件坐标系原点在右端。加工前刀架从任意位置回参考点，进行换刀动作（确保 1 号刀在当前刀位），建立 1 号刀工件坐标系。再回到程序起始点，同时启动主轴，准备加工。

5. 坐标点计算

在手工编程时，要根据图样尺寸和设定的编程原点，按确定的加工路线对刀尖从加工开始到结束过程中每个运动轨迹的起点或终点坐标数值进行仔细计算。对于较简单的零件不需进行特别数学处理的，一般可在编程过程中确定各点坐标值。

6. 确定编程路线及过程

（1）平端面

在端面余量不大的情况下，一般采用自外向内的切削路线，注意刀尖中心与轴线等高，避免崩刀尖，且要过轴线，以免留下尖角。启用机床恒线速度功能以保证端面表面质量。端面加工完成后刀具移动到粗车外圆第一刀的起点。

(2) 毛坯粗车

毛坯总余量有 16mm,分 6 刀粗加工 φ26mm、φ32mm、φ38mm 三个台阶外圆面,径向留精车余量 0.5mm。为控制总长 (45±0.5) mm 的精度及台阶光整,需一次切削出来,轴向台阶留车削余量 0.1~0.2 mm 进行精加工,再进行自右向左精车一次成形,精加工完成后切断工件。

7. 编写数控加工程序

台阶轴数控加工程序见表 2.10。

表 2.10 台阶轴加工程序

程序内容（FANUC 程序）	注释
O0201	程序名
N10 G00 X100 Z100;	快速移动到换刀点
N15 T0101;	换刀,建立工件坐标系
N20 M03 S800;	主轴正转,转速为 800r/min
N25 G00 X47 Z5 M08;	刀具至循环起始点
N30 G71 U2.0 R1.5;	粗车固定循环
N35 G71 P40 Q90 U0.5 W0.2 F0.2;	
N40 G00 X24;	精车循环起始程序段
N45 G01 Z0 F0.1;	
N50 X26 Z-1;	
N55 Z-16;	
N60 X28;	
N65 X32 Z-18;	
N70 Z-31;	
N75 X38 Z-34;	
N80 X42;	
N85 Z-45;	
N90 X47;	
N95 G00 X100 Z100;	
N100 T0202;	
N105 G00 X47 Z5;	
N110 M03 S1000;	
N115 G70 P40 Q90;	精车循环
N120 G00 Z100 X100;	退刀

任务 2　台阶轴编程与加工

续表

程序内容（FANUC 程序）	注释
N125 T0303；	调切断刀
N130 M03 S600；	转速为 600r/min
N135 G00 X50 Z−49；	
N140 G75 R1；	切断
N145 G75 X−1 P5000 F0.05；	
N150 G00 X100 Z100；	
N155 M30；	程序结束并返回开始处

如果条件允许，可在机房先用上海宇龙仿真模拟软件进行仿真操作练习，掌握数控车床操作及零件加工过程后再上数控车床进行操作加工。

四、台阶轴加工

1. 领用工具

数控车削加工台阶轴零件的工、刃、量具见表 2.11。

表 2.11　数控车削加工零件的工、刃、量具清单

序号	名称	规格	数量	备注
1	游标卡尺	0~150mm/0.02mm	1	
2	千分尺	0~25mm，25~50mm，50~75mm，0.01mm	各1	
3	百分表	0~10mm/0.01mm	1	
4	外圆车刀	普通外圆车刀	1	
5	切断刀	刀宽为 4mm	1	
6	辅具	莫氏钻套、钻夹头、活顶尖	各1	
7	材料	$\phi 42$mm 的 45 钢棒材	1	
8	其他	铜棒、铜皮、毛刷等常用工具；计算机、计算器、编程用书等		选用

2. 台阶轴零件加工步骤

（1）打开机床电源

①按下紧急停止旋钮。

②接通机床电源。

③接通系统电源，检查 CRT 画面内容。

④检查面板上的指示灯是否正常。

⑤检查风扇电动机是否正常。

注意：

接通数控系统电源后，系统软件自动运行。启动完毕后，CRT 画面显示"EMG"报警，

此时应松开紧急停止旋钮，再按面板上的复位键，机床将复位。

（2）返回机床参考点

有些机床打开以后必须进行回参考点的操作，因为机床在断电后就失去了对各坐标位置的记忆，所以在接通电源后，必须让各坐标值回参考点。其具体操作步骤如下：

①将【MODE】旋钮切换到"ZRN"挡；

②按下快速移动倍率开关（在【25%】、【50%】、【100%】三个按钮中任选一个）；

③使 X 轴回参考点。按下【+X】按钮，使滑板沿 X 轴正向移向参考点，在移动过程中操作者应按住【+X】按钮，直到回零参考点指示灯闪亮后再松开按钮，此时 X 轴已返回参考点；

④使 Z 轴回参考点。按下【+Z】按钮，使滑板沿 Z 轴正向移向参考点，在移动过程中，操作者应按住【+Z】按钮，直到回零参考点指示灯闪亮后再松开按钮，此时 Z 轴已返回参考点。

注意：

①返回参考点时应确保安全，不能发生碰撞；

②返回参考点时坐标轴不能离参考点太近，否则会发生超程报警；

③若发生超程报警，需按住超程解除按键，向轴的相反方向运动，解除报警；

④有些开机设置不用回零的数控车床，可省略该步骤。

（3）手动进行 X、Z 轴的移动

手动/连续方式的作用是快速移动刀架到目的地，操作步骤如下：

①将控制面板上的【MODE】旋钮切换到"JOG"上；

②根据方向选择按钮 （可同时按下快速进给键），选择要移动轴的方向，快速准确地移动刀架。

（4）装夹工件毛坯

数控车床上一般选用三爪自定心液压卡盘，安装工件操作步骤如下：

①根据工件的尺寸调整卡爪的位置。

②按下工件夹紧开关（【CHUCK】键），把工件水平装入三爪卡盘内，并调整好夹持工件的位置。

③再按下工件夹紧开关（【CHUCK】键），三爪卡盘自动夹紧工件。

注意：

工件装上后，操作者需要检测工件有没有装好，一方面要检查工件有没有夹紧，以免加工时工件飞出伤人；另一方面要检查工件是否装正，可以通过手动方式下让主轴以一定的转速旋转，观察工件摆动是否正常，如果工件摆动太大，则需要重新装夹工件。

（5）装夹刀具并校正

在1号刀位装上普通外圆车刀，在2号刀位装上切断刀。

刀杆安装时应注意的问题：

①车刀安装时其底面应清洁，无黏着物。若使用垫片调整刀尖高度，垫片应平直，且最多不能超过3块。如果内侧和外侧面需作安装定位面，则应擦净。

②刀杆伸出长度在满足加工需要下应尽可能短，一般伸出长度是刀杆高度的 1.5 倍。如果确实要伸出较长才能满足加工需要，也不能超过刀杆高度的 3 倍。

③车刀刀杆中心线应与进给方向垂直。车刀刀尖应与工件中心等高，如果刀尖不对中心，会留有凸头或崩刃，如图 2.4 所示。为使车刀刀尖对准工件中心，可根据机床尾座顶尖的高度装刀。

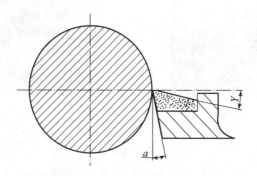

图 2.4　车刀刀尖应与工件中心等高

（6）采用试切法对外圆车刀进行对刀

对刀的目的是确定程序原点在机床坐标系中的位置，对刀点可以设在零件、夹具或机床上，常见的是将工件右端面中心点设为工件坐标系原点，对刀时应使对刀点与刀位点重合。

数控车床常用的对刀方法有三种：试切对刀、机械对刀仪对刀（接触式）和光学对刀仪对刀（非接触式）。其中，最常用的为试切对刀法。试切对刀法是指用所选的刀具试切零件的外圆和端面，并经过测量和计算得到零件端面中心点的坐标值。

下面为试切对刀法的操作步骤：

1）X 轴对刀步骤

①将操作面板中【MODE】旋钮切换到手轮模式上。单击"MDI"键盘的 POS 键，此时 CRT 界面上显示坐标值，利用【AXIS】旋钮和操作面板上的按钮，用手轮方式将刀具移动至靠近工件外圆面要试切外圆的适当位置（如图 2.5 所示大致位置）。

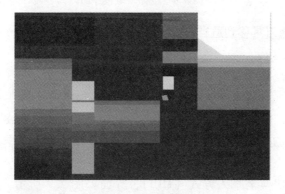

图 2.5　车床对刀

②在"MDI"方式下，输入"M03 S+转速值"（如 S600）令主轴正转，刀具进行外圆

试切（见图 2.6）并沿 Z 轴正向退出（见图 2.7）。

注意：此时车削完后 X 轴不能动，只能把 Z 轴往正方向退出。

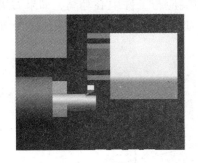
图 2.6　车外圆

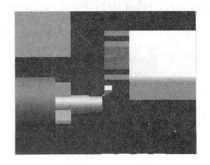
图 2.7　退刀

③令主轴停止，用外径千分尺测量工件车削后外圆的直径值（假设直径为 $X28.0$）。

④将系统操作面板切换至录入方式（MDI），界面如图 2.8 所示，在 G54 坐标系下输入"X28.0"，按软键"测量"；

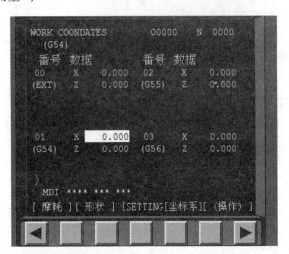
图 2.8　坐标系设置界面

X 轴对刀完成，把刀具移到适当位置，以便 Z 轴对刀。

2）Z 轴对刀步骤

①在手轮方式下，将刀具移动至靠近车削工件端面位置，进行端面试切，如图 2.9 所示。

②在录入方式下，输入"M03 S+转速值"（如 S500）令主轴正转，刀具进行端面试切，切完后沿 X 轴正方向退出（此时注意车削完后 Z 轴不能动，只能把 X 轴往正方向退出）。

将系统操作面板切换至录入方式（MDI），界面如图 2.9 所示，在 G54 坐标系下输入"Z0"（在这里"Z0"是指工件车削后端面位置），按软键"测量"。

③按主轴停止，Z 轴对刀完成，把刀退开至安全位置。

④校验对刀是否正确。

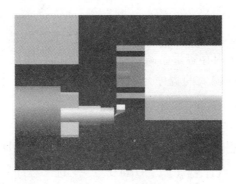

图 2.9　车端面

a. 将系统操作面板切换至录入方式（MDI）界面；
b. 在"MDI"界面下输入"G00 X0.0 Z50.0"；
c. 同时在录入方式下执行该值——按下循环启动按钮；
d. 打开防护门，看刀具位置点是否正确。

注意：加工时程序中只要调用用于对刀的刀及刀补号就行，不能再用 G50、G54～G59 一类坐标设定语句。

（7）程序的输入、编辑和修改

将程序 O0201 输入数控系统。

1）创建新程序

操作步骤如下：

①置模式选择开关在"EDIT"位置，按 [PROG] 键进入程序页面。

②按【数字/字母】键输入自定义的程序名，程序名由字母 O + 四个阿拉伯数字组成（输入的程序名不可以与已有程序名重复），按 [EOB] 键，再按 [INSERT] 键，则这些程序号被输入到显示区。如图 2.10 所示。

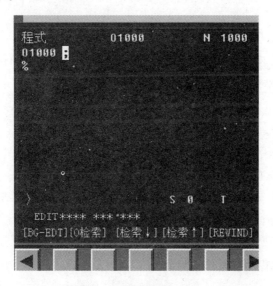

图 2.10　程序输入界面

③输入程序的内容。

注:"EOB"为 ENDOFBLOCK 的首字母缩写,意为程序句结束。如果屏幕出现"ALARM P/S 70"的报警信息,表示内存容量已满,需删除无用的程序;如果屏幕出现"ALARMP/S 73"的报警信息,表示当前输入的程序号内存中已存在,需改变输入的程序号或删除原程序号及对应程序内容。

2)编辑 NC 程序(插入、修改和删除操作)

在进行插入、修改和删除操作前,应将模式开关置于"EDIT"→按 [PROG] 键进入选择程序界面→选择要编辑的 NC 程序名(如"O1000")→进入程序界面→移动光标到需要编辑的部位。

①插入操作:把输入区的内容插入到光标所在代码后面,按 [INSERT] 键。

②修改操作:用输入区的内容替代光标所在的代码,按 [ALTER] 键。

③删除操作可分为以下五种情况:

a. 删除字代码:将光标移到需要删除的代码上,按 [DELETE] 键;

b. 删除一个程序段:将光标移到需要删除的程序段位置,按 [EOB] 确认,然后按 [DELETE] 键;

c. 删除多个程序段:将光标移到需要删除的第一个程序段处,键入需要删除的最后一个程序段的段号,按 [DELETE] 键;

d. 删除一个程序:键入要删除的程序号,按 [DELETE] 键;

e. 删除储存器中的全部程序:输入字母"O"及数字"-9999",按 [DELETE] 键。

3)选择一个程序

选择一个程序一般有两种方法:

①按程序号搜索。

a. 将模式开关置于"EDIT"位置;

b. 按 [PROG] 键;

c. 输入程序名(字母、数字);

d. 移动光标 [↓] 或 [↑] 开始搜索,找到后,程序名显示在屏幕右上角程序号位置,程序内容显示在屏幕上。

②程序检索。

a. 将模式开关置于"EDIT"位置;

b. 按 [PROG] 键,键入字母"O";

c. 输入程序名(字母、数字);

d. 按软键【操作】和【O检索】,程序显示在屏幕上,找到要查找的程序;

e. 可继续输入程序段号,按软键【N检索】搜索相应程序段。

4)显示程序内存使用量

①按 [PAGE↓] 键,出现程序容量信息界面。

②按 [PAGE↑] 或 [RESET] 键可进行翻页查看。

任务2　台阶轴编程与加工

③按 ![RESET] 键可回到原来的程序画面。

（8）程序调试（图形模拟加工）

NC 程序输入后，利用图形模拟加工功能可以显示程序刀具的移动轨迹，在这个模拟过程中，通过机床的报警提示和观察刀路可以检查出程序不正确的地方，以便对程序进行修改和调试。

1）图形模拟的操作步骤

①调出要进行图形模拟的程序。

②将操作面板中【MODE SELECT】旋钮 ![MODE] 切换到"AUTO"上。

③同时按下 ![DRN] 和 ![MLK] 键，将机床锁定。

④按键盘上的看图形键，转入检查运行轨迹模式界面。

⑤单击操作面板上的循环启动按钮 ![CYCLE START]，即可观察数控程序的运行轨迹（见图 2.11），如果出现错误，机床会报警，此时需根据报警信息，查找问题原因，不断修改程序，直到出现我们需要的正确轨迹为止。

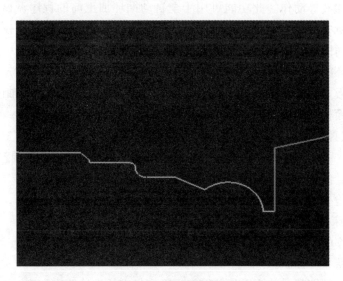

图 2.11　图形模拟加工

注意：看图形时一定要注意，虽然锁住了机床，但主轴和刀架还会转动，所以看图形前一定要把刀架移动到安全位置，否则很容易撞刀。而且看模拟图形要在对刀之前操作，如果对完刀后再看图形，对刀的坐标值会乱，则须重新对刀。检查运行轨迹时，暂停运行、停止运行及单段执行等同样有效。

（9）程序的自动运行

常见的程序运行方式包括全自动循环、机床锁住循环、倍率开关控制循环、机床空运转循环、单段执行循环和跳段执行循环等。

1）全自动加工循环

全自动加工循环是指在自动加工状态下，执行选定的数控加工程序。全自动加工循环的操作步骤如下：

①从储存的程序中选择一个加工程序。

②将操作面板中【MODE SELECT】旋钮 切换到"AUTO"上，进入自动加工模式。

③单击按钮 ，数控程序开始自动运行。

中断运行。

数控程序在自动运行过程中可根据需要暂停、停止、急停和重新运行。

数控程序在运行时，单击按钮 ，程序暂停运行，再次单击按钮 ，程序从暂停处开始继续运行。若按下键盘上的复位键 ，则自动运行结束并进入复位状态。

数控程序在运行时，按下急停按钮，数控程序中断运行，继续运行时，先将急停按钮松开，再按按钮 ，余下的数控程序将从中断处开始作为一个独立的程序执行。

2）机床锁住循环

机床锁住循环是指数控系统工作时，CRT屏幕显示机床的运动情况，但不执行主轴、进给、换刀和冷却液等动作。此功能可用于全自动循环加工前的程序调试。机床锁住有两种，一种是锁住所有的轴，停止全部轴的移动；另一种是锁住指定轴，仅停止指定轴的移动。另外，还有辅助功能锁住，其能锁住M、S和T指令。

机床锁住循环的操作步骤：

①按操作面板上的机床锁住键。机床不移动，但CRT屏幕上显示各轴位置在改变。

②按下操作面板上的机床锁住辅助功能键按钮，M、S和T代码无效。

3）倍率关机控制循环

自动加工时，可用倍率开关将转速、快速进给速度和切削进给速度调整到最佳数值，而不必去修改程序。编程的进给速度可以通过选择倍率旋钮的百分值（%）来减小或增大，这个特性可用于检查程序。例如，程序中指定的进给速度为120mm/min，如果设定倍率刻度为50%，则机床按60 mm/min的进给速度加工。

改变进给倍率的步骤是：在自动运行之前或运行中，调节进给速度调节旋钮到希望的百分值，调节范围从0～150%。

注：在螺纹切削期间，倍率无效并维持由程序指定的进给速度加工。在自动运行过程中最好不要调整倍率。

4）机床空运转循环

自动加工前，不将工件或刀具装上机床，而是使机床进行空运转，以检查程序的正确性。空运转时的进给速度与程序无关，为系统设定值。

空运转的操作步骤如下：

①将操作面板中的【MODE SELECT】旋钮切换到"AUTO"上，进入自动加工模式；

②按下操作面板上的空运行按钮，机床快速移动。

5）单段执行循环

在试切时，出于安全考虑，可选择单段方式执行加工程序。

任务 2 台阶轴编程与加工

单段执行步骤如下：
① 单击单步开关按钮，使按钮灯变亮；
② 单击循环启动按钮，数控程序开始运行。
注：单段方式执行每一行程序均需单击一次循环启动按钮。

6）跳段执行循环

跳段执行是指自动加工时，数控系统可以跳过某些指定的程序段。例如在某程序段首加工"/"（如/ N10 G01……），且按下选择跳过按钮，在自动加工时，该程序段被跳过不执行。

（10）检测零件及校正刀偏值

加工完成后，去除零件毛刺，使用量具对零件进行测量，如果尺寸有误差，则只要修改"刀具磨损设置"页面中每把刀具相应的补偿值即可。例如，工件外圆直径在加工后的尺寸应是 $\phi 34$mm，但实际测得为 $\phi 34.07$mm（或 $\phi 33.98$mm），尺寸偏大 0.07mm（或偏小 0.11mm），则按［OFFSET/SETTING］→［补正］→［磨耗］，将光标移动到"W01"的"X"值位置，如图 2.12 所示，输入"-0.07"（或"0.11"），按［输入］键。如果补偿值中已经有数值，那么需要在原来数值的基础上进行累加，输入累加后的数值。

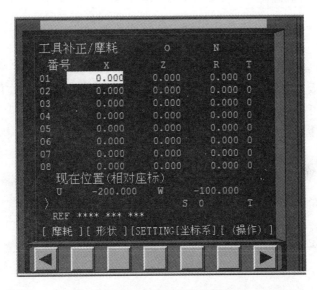

图 2.12 刀具磨损设置页面

数控车削过程中使尺寸精度降低的原因是多方面的，常见原因见表 2.12。

造成尺寸精度下降的原因中，工艺系统产生的尺寸精度降低可通过机床和夹具的调整来解决，而由于装夹、刀具、加工过程中操作者的原因造成尺寸精度降低则可以通过操作者进行更正或通过细致的操作来解决。

表 2.12 数控车削尺寸精度降低原因分析

序号	影响因素	产生原因
1	装夹与校正	工件校正不正确
2		工件装夹不牢固,加工过程中产生松动与振动
3	刀具	对刀不正确
4		刀具在使用过程中产生磨损
5		刀具刚性差,在加工过程中产生振动
6	加工	背吃刀量过大,导致刀具发生弹性变形
7		刀具长度补偿参数设置不正确
8		精加工余量选择过大或过小
9		切削用量选择不当,导致切削力、切削热过大,从而产生热变形和内应力
10	工艺系统	机床原理误差
11		机床几何误差
12		工件定位不正确或夹具与定位元件制造误差

在加工过程中进行精确的测量也是保证加工精度的重要因素。测量时应做到量具选择正确、测量方法合理及测量过程规范细致。

(11) 关闭机床电源操作

拆卸工件、刀具,打扫机床并在机床工件台面上涂机油,完毕后切断机床电源。操作如下:

1) 关机前的准备工作。

①检查控制面板上循环启动的指示灯 LED 是否熄灭(循环启动应在停止状态)。

②车床所有的可移动部件都应处于停止状态。

③把回转刀架移至远离卡盘的安全位置。

2) 关机步骤

①先按下机床 NC 开关(红色【OFF】键)。

②再按下紧急停止开关。

③关闭机床电源开关。

④关闭墙壁开关,断开供给电源。

五、检查评估

加工完成后,要求对零件进行检查评估,零件检测的评分见表 2.13。要求同学们自检后互检,一起讨论加工的工艺是否合理、零件是否达标,并对存在的问题进行评估。

表 2.13 零件检测的评分

项目	序号	技术要求	配分	评分标准	得分
程序与工艺(15%)	1	程序正确完整	5	不规范每处扣 1 分	
	2	切削用量合理	5	每错一处扣 1 分	
	3	工艺过程规范合理	5	不合理每处扣 1 分	

任务2 台阶轴编程与加工

续表

项目	序号	技术要求	配分	评分标准	得分
机床操作 (20%)	4	刀具选择正确	5	不正确每处扣1分	
	5	对刀及坐标系设定正确	5	不正确每处扣1分	
	6	机床操作规范	5	不规范每处扣1分	
	7	工件加工不出错	5	出错全扣	
工件质量 (35%)	8	尺寸精度符合要求	25	不合格每处扣1分	
	9	表面粗糙度及形位公差符合要求	10	不合格每处扣1分	
文明生产 (15%)	10	安全操作	5	出错全扣	
	11	机床维护与保养	5	不合格全扣	
	12	工作场所整理	5	不合格全扣	
相关知识及职业能力 (15%)	13	数控加工基础知识	5	教师提问	
	14	自学能力,合作能力	10	教师根据学员表现酌情给分	
		表达沟通能力,创新能力			

知识拓展

1. 常见量具及操作要领

如图2.13所示,这些量具的测量精度和使用场合各不相同,在测量过程中应根据具体情况合理选用。

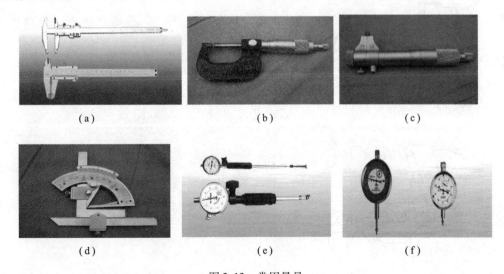

图2.13 常用量具

(a) 游标卡尺;(b) 外径千分尺;(c) 内径千分尺;(d) 万能角度尺;(e) 内径百分表;(f) 百分表

各种常用量具的操作要领见表2.14。

表2.14　数控车削量具的相关知识及操作要领

常用量具操作示意图	相关知识及操作要领
	两用游标卡尺由尺身3和游标5组成； 旋松螺钉4，移动游标调节内外量爪开挡大小进行测量； 下量爪1用来测量工件外径或长度尺寸； 上量爪2用来测量工件孔径或槽宽； 深度尺6用来测量工件的深度； 测量前先检查并校对零件； 游标卡尺读数精度分0.02mm和0.05mm
	将车床主轴停转； 擦干净工件的测量部位； 握住游标卡尺：左手握住尺身的量爪，右手握住游标并夹住需要测量的部位，与测量面成90°。读取刻度值：垂直方向看刻度面，在夹住的状态下读取刻度值
	读数前，应先明确所用游标卡尺的读数精度；读数时，先读出游标零线左边在尺身上的整数毫米数，接着在游标上找到与尺身刻线对齐的刻度，并读出小数值；然后再将所读两数相加。 例如：使用读数精度为0.02mm的游标卡尺，尺身上的整数值为60mm，游标卡尺上的小数值为0.48mm，此时实际测量值为：60mm+0.48mm=60.48mm
	游标卡尺测量轴段尺寸的方法
	游标卡尺测量孔深尺寸的方法

续表

常用量具操作示意图	相关知识及操作要领
	游标卡尺测量孔径尺寸的方法
	游标卡尺测量孔中心距尺寸的方法； 测量尺寸加孔径即孔的中心距
	外径千分尺测量范围分为 0~25mm、25~50mm、50~75mm 和 75~100mm 四种。 外径千分尺由尺架1、尺座2、测微螺杆3、锁紧装置4和微分筒5组成。 外径千分尺在测量前，必须先检查并校对零件。如果零件不准确，可用专用扳手转动固定套管。当零件偏离较大时，可松开紧固螺钉，使测微螺杆3与微分筒5转动，再转动微分筒对准零件
32.5mm+0.35mm=32.85mm	外径千分尺的读数分以下三步： (1) 先读出微分筒左边固定套筒中露出刻线整数与半毫米数值； (2) 读出微分筒与固定套管上基线对齐刻线的小数值； (3) 将所读整数和小数相加，即被测零件的尺寸。 例如：使用 25~50mm 的外径千分尺，固定套筒上的刻线读数值为 32.5mm，微分筒上的刻线读数值为 0.35mm，此时实际测量值为 32.5mm + 0.35mm = 32.85mm
	外径千分尺测量小零件尺寸的方法

续表

常用量具操作示意图	相关知识及操作要领
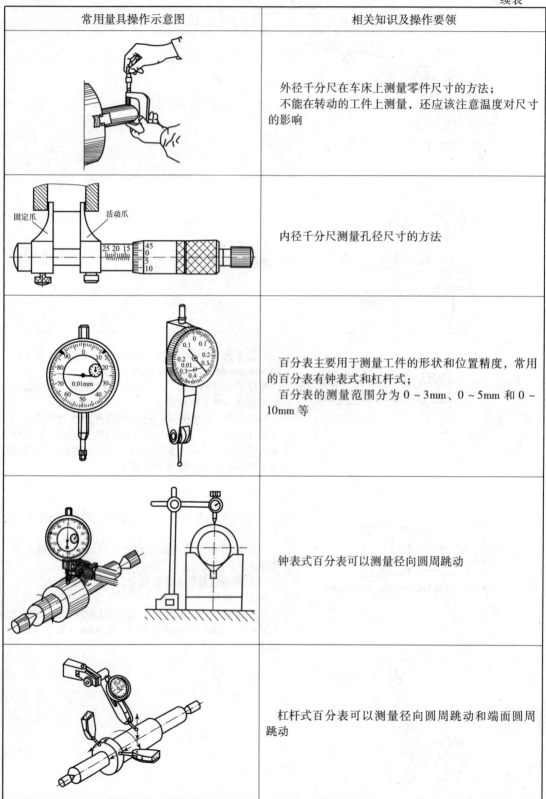	外径千分尺在车床上测量零件尺寸的方法；不能在转动的工件上测量，还应该注意温度对尺寸的影响
	内径千分尺测量孔径尺寸的方法
	百分表主要用于测量工件的形状和位置精度，常用的百分表有钟表式和杠杆式；百分表的测量范围分为 0~3mm、0~5mm 和 0~10mm 等
	钟表式百分表可以测量径向圆周跳动
	杠杆式百分表可以测量径向圆周跳动和端面圆周跳动

2. 游标卡尺和千分尺使用正误比较

游标卡尺和千分尺使用正误比较，见表 2.15。

表 2.15 游标卡尺和千分尺使用正误比较

测量场合	正确	错误
测量长度或外径		
测量沟槽直径		
测量沟槽宽度		
测量内孔		
测量长度或外径		

为更好地掌握游标卡尺的使用方法，现将应该注意的几个主要问题整理成顺口溜，供读者参考。

量爪贴合无间隙，主尺游标两对零；
尺框活动能自如，不松不紧不摇晃；
测力松紧细调整，不当卡规用力卡；
量轴防歪斜，量孔防偏歪；
测量内尺寸，爪厚勿忘加；
面对光亮处，读数垂直看。

1. 什么是机床原点？什么是编程原点？两者有何不同？
2. 试对如图2.14所示的台阶轴零件进行工艺编制、编程及加工。棒料的材料为45钢，直径为50mm。

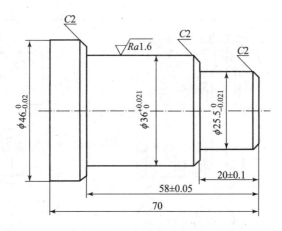

图2.14 台阶轴零件

任务3 圆弧轴编程与加工

本任务要求在数控车床上采用三爪自定心卡盘对零件装夹定位，并完成如图2.15所示的圆弧轴类零件的加工。毛坯尺寸为$\phi 45mm \times 100mm$；材料为45钢。

任务3 圆弧轴编程与加工

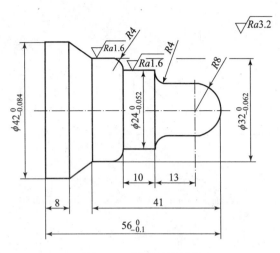

图 2.15 圆弧轴类零件

一、圆弧插补编程指令

G02 为按指定进给速度顺时针进行圆弧插补。G03 为按指定进给速度逆时针进行圆弧插补。

圆弧顺、逆方向的判别：沿着不在圆弧平面内的坐标轴，由正方向向负方向看，顺时针方向为 G02，逆时针方向为 G03，如图 2.16 所示。

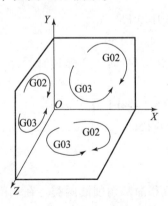

图 2.16 圆弧方向判别

各平面内圆弧情况如图 2.17 所示，图 2.17（a）所示为 XY 平面的圆弧插补，图 2.17（b）所示为 ZX 平面的圆弧插补，图 2.17（c）所示为 YZ 平面的圆弧插补。

程序格式：

XY 平面：

G17 G02 X～ Y～ I～ J～ （R～） F～

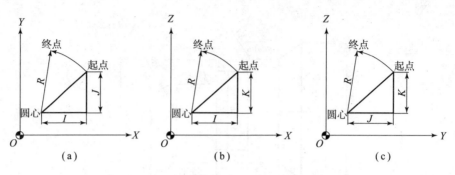

图 2.17 各平面内圆弧情况
(a) XY 平面圆弧;(b) YZ 平面圆弧;(c) ZX 平面圆弧

G17 G03 X~ Y~ I~ J~ (R~) F~

ZX 平面:

G18 G02 X~ Z~ I~ K~ (R~) F~

G18 G03 X~ Z~ I~ K~ (R~) F~

YZ 平面:

G19 G02 Z~ Y~ J~ K~ (R~) F~

G19 G03 Z~ Y~ J~ K~ (R~) F~

程序中,X,Y,Z——圆弧插补的终点坐标值;

I,J,K——圆弧起点到圆心的增量坐标,与 G90 和 G91 无关;

R——指定圆弧半径,当圆弧的圆心角 ≤ 180°时,R 值为正,当圆弧的圆心角 > 180°时,R 值为负。

例:如图 2.18 所示,当圆弧 A 的起点为 P_1、终点为 P_2 时,圆弧插补程序段为

G02 X321.65 Y280 I40 J140 F50

或　　G02 X321.65 Y280 R - 145.6 F50

当圆弧 A 的起点为 P_2、终点为 P_1 时,圆弧插补程序段为

G03 X160 Y60 I - 121.65 J - 80 F50

或　　G03 X160 Y60 R - 145.6 F50

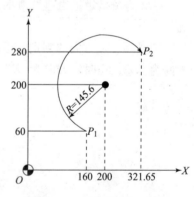

图 2.18 圆弧插补应用

二、切削液的选用

切削液主要分为水基切削液和油基切削液两类。在切削加工过程中,主要起润滑、冷却、清洗和防锈作用。

粗加工或半精加工时,切削热量大。因此,应选择以冷却散热为主的水基切削液。精加工时,为了获得良好的已加工表面质量,应选择以润滑为主的油基切削液。

切削液的使用普遍采用浇注法。对于深孔加工、难加工材料的加工以及高速或强力切削加工,应采用高压冷却法。此外,喷雾冷却法也是一种较好的使用切削液的方法,即加工时,切削液经高压并通过喷雾装置雾化,被高速喷射到切削区。

任务实施

一、制定带圆弧轴零件加工工作流程

①零件图工艺分析。
②确定装夹方案和定位基准。
③选择刀具及切削用量。
④确定加工顺序及进给路线。
⑤计算坐标点。
⑥确定编程路线及过程。
⑦编写数控加工程序。
⑧领用工具。
⑨打开机床电源。
⑩返回机床参考点。
⑪手动进行 X、Z 轴的移动。
⑫装夹工件毛坯。
⑬装夹刀具并校正。
⑭对车刀进行对刀。
⑮输入程序并进行编辑修改。
⑯零件首件试切。
⑰检测零件及校正刀偏值。
⑱切断机床电源。
⑲检查与评价。

二、圆弧轴零件加工工作条件准备

①机床设备：FANUC 系统或 HNC-21M 系统数控车床数台。
②刀具类：数控车床用普通焊接式外圆车刀和切槽刀等。
③量具类：游标卡尺、深度尺、内径千分尺、外径千分尺和百分表等。
④工艺装备类：各类扳手及通用夹紧元件等。
⑤手册类：各类刀具手册、数控系统手册、相关机床操作手册和工艺手册等。
⑥模拟软件类：上海宇龙仿真模拟软件和南京宇航仿真模拟软件等。
⑦辅助工具：通用计算机。
⑧工件材料：45 钢棒料。

三、圆弧轴零件工艺分析与程序编写

1. 零件图工艺分析

如图 2.15 所示圆弧轴，毛坯采用直径 $\phi 45mm \times 100mm$ 的 45 钢棒材，无热处理和硬度

要求,有足够的夹持长度,单件生产。

该零件外形较复杂,需要加工圆弧端面、台阶外圆、圆弧外圆和圆锥外圆并切断。毛坯直径为45mm,对 ϕ24mm、ϕ32mm、ϕ42mm 外圆尺寸及总长度56mm有一定的精度要求。工艺处理与普通车床加工工艺相似,其数控加工工序卡见表2.16。

表2.16 数控加工工序卡

材料	45钢	零件图号		零件名称	台阶轴	工序号	001
程序名	O0202	机床设备	FANUC 0i 数控车床	夹具名称		三爪自定心卡盘	
工步号	工步内容 (走刀路线)	G功能	T刀具	切削用量			
				转速 n $/(r \cdot min^{-1})$	进给量 f $/(mm \cdot r^{-1})$	背吃刀量 a_p /mm	
1	粗车工件外轮廓	G71	T0101	800	0.2	2.0	
2	精车工件外轮廓	G70	T0202	1 200	0.1	0.5	
3	切断	G01	T0303	400	0.05		

2. 确定装夹方案和定位基准

使用三爪自定心液压卡盘夹持零件毛坯外圆 ϕ45mm 处,确定零件伸出合适的长度(把车床的限位距离考虑进去),零件的加工长度为56mm,零件完成后需要割断。割断刀宽度为4mm,卡盘的限位安全距离为5mm,因此零件应伸出卡盘总长66mm以上。零件装好后离卡爪较远部分需要敲击校正,以使工件整个轴线与主轴轴线同轴。

3. 选择刀具及切削用量

选择刀具时需要根据零件结构特征确定刀具类型,如切槽需用切槽刀、车螺纹需用螺纹刀等,安排该刀具在刀架上的刀具号,以便对刀、编程时对应。此零件只需加工端面及外圆,故选用普通焊接式外圆车刀并装在1号刀位上。根据零件精度要求和工序安排确定刀具几何参数及切削参数,见表2.17。

表2.17 刀具及切削参数

工步	工步内容	刀具号	刀具类型	主轴转速 $/(r \cdot min^{-1})$	进给量 $/(mm \cdot r^{-1})$	备注
1	粗车外圆台阶	T01	普通外圆车刀	800	0.2	
2	精车外圆台阶	T02	普通外圆车刀	1 200	0.1	
3	切断	T03	4mm 切断刀	400	0.05	

4. 确定加工顺序及进给路线

该零件单件生产,端面为设计基准,也是长度方向的测量基准。选用普通外圆车刀进行粗、精加工,刀号分别为T0101和T0202,工件坐标系原点在右端。加工前刀架从任意位置回参考点,进行换刀动作(确保1号刀在当前刀位),建立1号刀工件坐标系。再回到程序起始点,同时启动主轴,准备加工。

5. 坐标点计算

在手工编程时,根据图样尺寸和设定的编程原点,按确定的加工路线对刀尖从加工开始

任务3 圆弧轴编程与加工

到结束过程中每个运动轨迹的起点或终点坐标数值进行仔细计算。对于较简单的零件不用进行特别数学处理的，一般可在编程过程中确定各点坐标值。

6. 编写数控加工程序

圆弧轴数控加工程序见表2.18。

表2.18 圆弧轴数控加工程序

程序内容（FANUC程序）	注释
O0202	程序名
N10 G00 X100 Z100;	快速移动到换刀点
N15 G28 U0 W0;	返回参考点
N15 T0101;	换刀，建立工件坐标系
N20 M03 S800;	主轴正转，转速为800r/min
N25 G00 X47 Z5 M08;	刀具至循环起始点
N30 G71 U2.0 R1.5;	粗车固定循环
N35 G71 P40 Q90 U0.5 W0.2 F0.2;	
N40 G00 X0;	精车循环起始程序段
N45 G01 Z0 F0.1;	
N50 G03 X16 Z-8 R8;	
N55 Z-17;	
N60 G02 X24 Z-21 R4;	
N65 X32 Z-18;	
N70 Z-31;	
N75 G03 X32 Z-35 R4;	
N80 Z-41;	
N85 X42 Z-48;	
N90 Z-60;	
N95 G00 X100 Z100;	
N100 T0202;	
N105 G0 X47 Z5;	
N110 M03 S1200;	
N115 G70 P40 Q90;	精车循环
N120 G00 Z100 X100;	退刀
N125 T0303;	调切断刀
N130 M03 S600;	转速为600r/min
N135 G00 X50 Z-60;	

续表

程序内容（FANUC 程序）	注释
N140 G75 R1；	切断
N145 G75 X-1 P5000 F0.05；	
N150 G00 X100 Z100；	
N155 M30；	程序结束并返回开始处

在机房先用上海宇龙仿真模拟软件进行仿真操作练习，掌握数控车床的操作及零件加工的过程后再上数控车床进行操作加工。

四、圆弧轴加工

1. 领用工具

数控车削加工圆弧轴零件的工、刃、量具清单，见表 2.19。

表 2.19　数控车削加工圆弧轴零件的工、刃、量具清单

序号	名称	规格	数量	备注
1	游标卡尺	0~150mm/0.02mm	1	
2	千分尺	0~25mm/0.01mm，25~50mm/0.01mm	各1	
3	百分表	0~10mm/0.01mm	1	
4	外圆车刀	普通外圆车刀	2	
5	切断刀	刀宽为 4mm	1	
6	辅具	莫氏钻套、钻夹头、活络顶尖	各1	
7	材料	ϕ45mm 的 45 钢棒材	1	
8	其他	铜棒、铜皮、毛刷等常用工具；计算机、计算器、编程用书等		选用

2. 圆弧轴零件加工步骤

（1）打开机床电源

接通数控系统电源后，系统软件自动运行。启动完毕后，CRT 画面显示"EMG"报警，此时应松开紧急停止旋钮，再按面板上的复位键，机床将复位。

（2）返回机床参考点

有些机床打开以后必须进行回参考点的操作，因为机床断电后就失去了对各坐标位置的记忆，所以在接通电源后，必须让各坐标值回参考点。

（3）手动进行 X、Z 轴的移动

手动/连续方式的作用是快速移动刀架到目的地。

（4）装夹工件毛坯

工件装上后，操作者需要检测工件有没有装好，一方面要检查工件有没有夹紧，以免加工时工件飞出伤人；另一方面要检查工件是否装正，可以通过手动方式让主轴以一定的转速

任务3　圆弧轴编程与加工

旋转，观察工件摆动是否正常，如果工件摆动太大，则需要重新装夹工件。

（5）装夹刀具并校正

（6）采用试切法对外圆车刀进行对刀

对刀的目的是确定程序原点在机床坐标系中的位置，对刀点可以设在零件、夹具或机床上，常见的是将工件右端面中心点设为工件坐标系原点。对刀时应使对刀点与刀位点重合。

（7）程序的输入、修改和调试（图形模拟加工）

NC 程序输入后，利用图形模拟加工功能，可以显示程序刀具的移动轨迹，在这个模拟过程中，通过机床的报警提示和观察刀路可以检查出程序不正确的地方，以便对程序进行编辑、修改和调试。

（8）程序自动运行加工产品

（9）检测零件及校正刀偏值

加工完成后需要去除零件毛刺，同时使用量具对零件进行检测，如果尺寸有误差，则需要修改"刀具磨损设置"页面中每把刀具相应的补偿值。

（10）加工完成后切断机床电源

五、检查评估

加工完成后对零件进行去毛刺处理，并对照图纸进行尺寸检测，零件检测的评分见表 2.20。要求同学们自检后互检，一起讨论加工工艺是否合理、零件是否达标，并对存在的问题进行评估。

表 2.20　零件检测的评分

项目	序号	技术要求	配分	评分标准	得分
程序与工艺（15%）	1	程序正确完整	5	不规范每处扣 1 分	
	2	切削用量合理	5	每错一处扣 1 分	
	3	工艺过程规范合理	5	不合理每处扣 1 分	
机床操作（20%）	4	刀具选择正确	5	不正确每处扣 1 分	
	5	对刀及坐标系设定正确	5	不正确每处扣 1 分	
	6	机床操作规范	5	不规范每处扣 1 分	
	7	工件加工不出错	5	出错全扣	
工件质量（35%）	8	尺寸精度符合要求	25	不合格每处扣 1 分	
	9	表面粗糙度及形位公差符合要求	10	不合格每处扣 1 分	
文明生产（15%）	10	安全操作	5	出错全扣	
	11	机床维护与保养	5	不合格全扣	
	12	工作场所整理	5	不合格全扣	

知识拓展

1. 数控车床常用刀具

在数控车床上使用的刀具有外圆车刀、钻头、镗刀、切断刀和螺纹加工刀具等，其中以外圆车刀、镗刀和钻头最为常用。常用刀具见表2.21。

表 2.21　常用刀具

刀具名称	结构示意图
外圆车刀	
内孔车刀	
绞车刀	
切断（槽）刀	

任务3 圆弧轴编程与加工

续表

刀具名称	结构示意图
内孔车刀	
切断（槽）刀	

注意：数控车床使用的车刀、镗刀、切断刀和螺纹加工刀具均有焊接式和机夹式之分，除经济型数控车床外，目前已广泛使用机夹式车刀。其主要由刀体、刀片和刀片压紧系统三部分组成，其中刀片使用硬质合金涂层刀片。

2. 数控车床刀具的选择

（1）机夹可转位车刀结构

如图2.19所示，机械夹固式可转位车刀由刀杆1、刀片2、刀垫3以及夹紧元件4组成。刀片每边都有切削刃，当某切削刃磨损钝化后，只需松开夹紧元件，将刀片转一个位置便可继续使用。

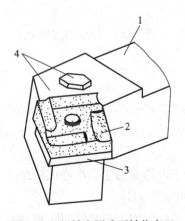

图2.19 机械夹固式可转位车刀
1—刀杆；2—刀片；3—刀垫；4—夹紧元件

刀片是机夹可转位车刀的一个最重要组成元件。按照国标GB 2076—1987，刀片大致可分为带圆孔、带沉孔以及无孔三大类，形状有三角形、正方形、五边形、六边形、圆形以及菱形等共17种。

图2.20所示为常见的几种刀片形状及角度。

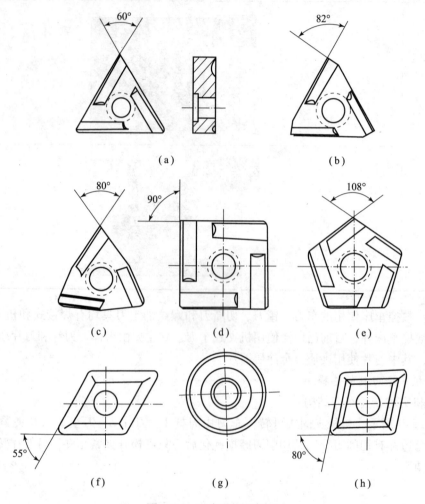

图2.20 刀片形状及角度

(2) 可转位车刀的选用

1) 刀片的夹紧方式

各种夹紧方式是为了能适用于不同的应用范围而设计的。为了能正确选择具体工序的最佳刀具,现按照适合性对其分类,适合性有1~3个等级,3为最佳选择,见表2.22。

2) 刀片形状的选择

①正型(前角)刀片:对于内轮廓加工、小型机床加工及工艺系统刚性较差和工件结构形状较复杂的情况应优先选择正型刀片。

②负型(前角)刀片:对于外圆加工、金属切除率高和加工条件较差的情况应优先选择负型刀片。

③一般外圆车削:常用80°凸三角形、四方形和80°菱形刀片。

④仿形加工:常用55°、35°菱形及圆形刀片。

⑤在机床刚性、功率允许条件下的大余量粗加工,应选择刀尖角较大的刀片;反之,应

任务3 圆弧轴编程与加工

选择刀尖角较小的刀片。

表2.22 刀片夹紧方式

3 = 最佳选择	T—MAX P					CoroTurn 107	T—MAX 陶瓷和立方氮化硼
	（RC）刚性夹紧	杠杆	楔块	楔块夹紧	螺钉和上夹紧	螺钉夹紧	螺钉和上夹紧
安全夹紧/稳定性	3	3	3	3	3	3	3
仿形切削/可达性	2	2	3	3	3	3	3
可重复性	3	3	2	2	3	3	3
仿形切削/轻工序	2	2	3	3	3	3	3
间歇切削工序	3	2	2	3	3	3	3
外圆加工	3	3	1	3	3	3	3
内圆加工	3	3	3	3	3	3	3
刀片 80° 55° C D R S 35° T V 80° W	有孔的负前角刀片；双侧和单侧；平刀片和带断屑槽的刀片					有孔的负前角刀片；单侧；平刀片和带断屑槽的刀片	有孔和无孔负前角和正前角刀片；双侧和单侧

习题训练

1. 数控车床的固定循环指令有哪些？
2. 常见的数控车削刀具有哪些？如何正确选用？
3. 试对如图2.21所示的圆弧轴零件进行工艺编制、编程及加工。棒料的材料为45钢，直径为40mm。

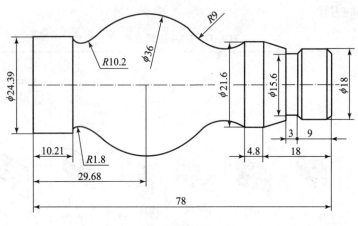

图 2.21 圆弧轴零件

任务 4　螺纹轴编程与加工

本任务要求在数控车床上采用三爪自定心卡盘装夹定位，用外圆车刀、螺纹车刀完成如图 2.22 所示的螺纹轴加工。

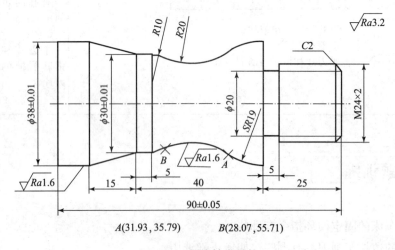

$A(31.93, 35.79)$　　$B(28.07, 55.71)$

图 2.22　螺纹轴类零件

任务4 螺纹轴编程与加工

知识链接

一、外螺纹车削相关知识

1. 螺纹的基础知识

（1）螺纹的种类

螺纹按牙型不同一般可分为三角形、梯形、锯齿形、矩形和圆形螺纹。

（2）普通螺纹的标记

普通螺纹的牙型为三角形，有粗牙和细牙之分，即在相同大径下，有几种不同规格的螺距，螺距最大的一种即粗牙螺纹，其余的为细牙。粗牙普通螺纹代号用牙型符号"M"及"公称直径"表示，如 M16、M24 等；细牙普通螺纹的代号用牙型符号"M"及"公称直径×螺距"表示，如 M24×2、M27×1.5 等。螺纹旋向有左、右之分，当螺纹为左旋时，在螺纹代号之后加"LH"字，如 M20×1.5LH 等，右旋则省略标注。完整的螺纹标记还包括螺纹公差以及旋合长度，如 M24×1.5－5g6g－L、M27×3LH－7H 等。

（3）普通螺纹的尺寸计算

普通螺纹各基本尺寸：螺纹大径 $d = D$（d 为外螺大径，D 为内螺纹大径。螺纹大径即公称直径）；螺纹中径 $d_2 = D_2 = d - 0.649\ 5P$（$d_2$ 为外螺纹中径，D_2 为内螺纹中径，P 为螺纹的螺距）；牙型高度 $h_1 = 0.541\ 3P$；螺纹小径 $d_1 = D_1 = d - 1.082\ 5P$（$d_1$ 为外螺纹小径，D_1 为内螺纹小径）。

2. 螺纹的车削方法

（1）进刀方式

在数控车床上加工螺纹常用的方法有直进法和斜进法两种，如图 2.23 所示。直进法适合加工导程较小（≤3mm）的螺纹，斜进法适合加工导程较大的螺纹。螺纹加工中的走刀次数和背吃刀量会直接影响螺纹的加工质量，应根据螺距大小选取适当的走刀次数及背吃刀量。用直进法高速车削普通螺纹时，螺距小于 3mm 的螺纹一般 3～6 刀完成，且大部分余量在第 1 和第 2 刀时去掉。

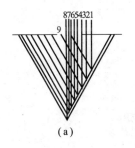
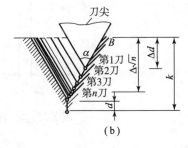

图 2.23　螺纹的进刀方式

(a) 斜进法；(b) 直进法

(2) 螺纹车削的切入与切出行程

在数控车床上加工螺纹时，螺纹是通过伺服系统检测装在主轴上的位置编码器，实时地读取主轴速度并转换为刀具的每分钟进给量来保证的。由于机床伺服系统本身具有滞后特性，会在螺纹起始段和停止段发生螺距不规则现象，所以实际加工螺纹的长度应包括切入和切出的空行程量。如图 2.24 所示，δ_1 为切入空刀行程量，一般取 2～5mm，δ_2 为切出空刀行程量，一般取 2～3mm。

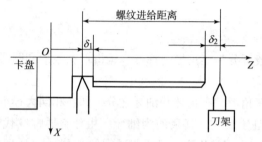

图 2.24　螺纹的切入与切出

(3) 多线螺纹的分线方法

在实际应用中经常会碰到多线螺纹的加工，多线螺纹的数控加工方法与单线螺纹的加工方法相似，只需在加工完一条螺纹后沿轴向移动一个螺距（一般用 G01 指令），再车另一条螺纹即可。当然，有些系统提供了多线螺纹的加工功能，则可以利用程序指令实现分线。

二、螺纹切削指令

1. 基本螺纹切削指令

基本螺纹切削方法如图 2.25 所示。

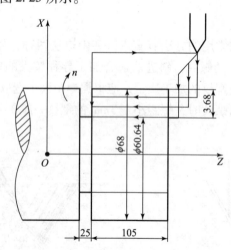

图 2.25　复合螺纹切削循环应用

编程格式：

G32 X（U）~ Z（W）~ F~

程序中，X（U）、Z（W）——螺纹切削的终点坐标值，X 省略时为圆柱螺纹切削，Z 省略时为端面螺纹切削，X、Z 均不省略时为锥螺纹切削（X 坐标值依据《机械设计手册》查表确定）；

任务 4　螺纹轴编程与加工

F——螺纹导程。

螺纹切削应在两端设置足够的升速进刀段 δ_1 和降速退刀段 δ_2。

2. 螺纹切削循环指令

螺纹切削循环指令把"切入—螺纹切削—退刀—返回"四个动作作为一个循环（见图 2.25），用一个程序段来指令。

编程格式：

G92　X(U)～　Z(W)～　I～　F～

程序中，X（U）、Z（W）——螺纹切削的终点坐标值；

　　　　I——螺纹部分半径之差，即螺纹切削起始点与切削终点的半径差。加工圆柱螺纹时，$I=0$；加工圆锥螺纹时，当 X 向切削起始点坐标小于切削终点坐标时，I 为负，反之为正。

3. 复合螺纹切削循环指令

复合螺纹切削循环指令可以完成一个螺纹段的全部加工任务。它的进刀方法有利于改善刀具的切削条件，在编程中应优先考虑应用该指令，如图 2.25 所示。

编程格式：

G76　P（m）（r）（α）　Q（Δdmin）　R（d）

G76　X（U）　Z（W）　R（I）　F（f）　P（k）　Q（Δd）

程序中，m——精加工重复次数；

　　　　r——倒角量；

　　　　α——刀尖角；

　　　　Δdmin——最小切入量；

　　　　d——精加工余量；

　　　　X（U）、Z（W）——终点坐标；

　　　　I——螺纹部分半径之差，即螺纹切削起始点与切削终点的半径差。加工圆柱螺纹时，$I=0$；加工圆锥螺纹时，当 X 向切削起始点坐标小于切削终点坐标时，I 为负，反之为正。

　　　　k——螺牙的高度（X 轴方向的半径值）；

　　　　Δd——第一次切入量（X 轴方向的半径值）；

　　　　f——螺纹导程。

任务实施

一、制定螺纹轴零件加工工作流程

①零件图工艺分析。

②确定装夹方案。

③确定加工顺序及进给路线。

④选择刀具及切削用量。

⑤编写数控加工工艺卡片。
⑥编写数控加工程序。
⑦领用工具。
⑧返回机床参考点。
⑨装夹工件毛坯并校正。
⑩装夹刀具并校正。
⑪采用试切法对车刀进行对刀。
⑫输入刀尖圆弧半径值。
⑬将加工程序输入数控系统中。
⑭程序的校验。
⑮零件首件试切。
⑯检测零件及校正刀偏值。
⑰打扫机床，切断机床电源。
⑱检查与评价。

二、螺纹轴零件加工工作条件准备

①机床设备：FANUC 数控系统车床。
②刀具类：数控车床用普通焊接式外圆车刀和切槽刀。
③量具类：游标卡尺、深度尺、R 规和外径千分尺等。
④工艺装备类：各类扳手及通用夹紧元件等。
⑤手册类：各类刀具手册、数控系统手册、相关机床操作手册和工艺手册等。
⑥模拟软件类：上海宇龙仿真模拟软件和南京宇航仿真模拟软件等。
⑦辅助工具：通用计算机。
⑧工件材料：45 钢棒料。

三、螺纹轴零件工艺分析与程序编写

1. 零件图工艺分析

图 2.25 所示为典型轴类零件，其是由圆柱、圆锥及螺纹等表面组成的，尺寸标注完整，轮廓描述清楚。毛坯是直径为 40mm 的 45 钢棒材，无热处理和硬度要求。

2. 确定装夹方案

确定毛坯轴线和左端大端面（设计基准）为定位基准，采用三爪自定心卡盘定心夹紧。

确定零件伸出合适的长度（把车床的限位距离考虑进去）。零件的加工长度为 90mm，零件完成后需要割断。割断刀宽度为 4mm，卡盘的限位安全距离为 5mm，因此零件应伸出卡盘总长 100mm 以上。

3. 确定加工顺序及进给路线

加工顺序按由粗到精、由近到远（由右到左）的原则确定，即先从右到左进行粗车，然后从右到左进行精车，再车槽，再车削螺纹，最后进行切断。

4. 刀具选择

选择刀具时需要根据零件结构特征确定刀具类型，如切槽需用切槽刀、车螺纹需用螺纹

任务 4　螺纹轴编程与加工

刀等,安排该刀具在刀架上的刀具号,以便对刀、编程时对应。

T01：外圆粗车刀。

T02：外圆精车刀,菱形刀片,刀尖圆弧半径为 0.4mm。

T03：切槽刀,刀宽为 4mm。

T04：螺纹刀,60°硬质合金。

将所选定的刀具参数填入表 2.23 的数控加工刀具卡中,以便于编程和操作管理。

表 2.23　数控加工刀具卡

实训课题		典型轴类零件加工	零件名称	典型轴	零件图号	2.25
序号	刀具号	刀具名称及规格	刀尖半径/mm	数量	加工表面	备注
1	T0101	90°粗右偏外圆刀	0.2	1	粗车外圆轮廓	
2	T0202	93°精右偏外圆刀	0.4	1	精车外圆轮廓	
3	T0303	切槽刀	4	1	切槽	左刀尖
4	T0404	60°硬质合金外螺纹车刀	0.2	1	外螺纹	

5. 编写数控加工工艺卡片

将前面分析的各项内容综合成如表 2.24 所示的数控加工工序卡片,此表是编制加工程序的主要依据,是操作人员配合数控程序进行数控加工的指导性文件,主要内容包括工步顺序、工步内容、各工步所用的刀具及切削用量等。

表 2.24　数控加工工序卡

材料	45 钢	零件图号	2.22	零件名称	螺纹轴	工序号	001
程序名	O0203	机床设备	FANUC 0i 数控车床	夹具名称	三爪自定心卡盘		
工步号	工步内容（走刀路线）		G 功能	T 刀具	切削用量		
					转速 n /(r·min^{-1})	进给量 f /(mm·r^{-1})	背吃刀量 a_p /mm
1	平端面		G01	T0101	800	0.2	1.0
2	粗车工件外轮廓		G73	T0101	800	0.2	2.0
3	精车工件外轮廓		G70	T0202	1 200	0.1	0.5
4	切槽		G01	T0303	400	0.05	
5	车螺纹		G92	T0404	450		查表
6	切断		G75	T0303	400	0.05	
编制		审核		批准		共1页	第1页

6. 编写数控加工程序

螺纹轴数控加工程序见表 2.25。

表 2.25　螺纹轴加工程序

零件图号	2.22	零件名称	螺纹轴	编制日期	
程 序 号	O0203	数控系统	FANUC 0i	编制	

续表

程序内容	注释
N10 G00 X100 Z100;	快速移动到换刀点
N15 T0101;	调90°粗右偏外圆刀
N20 M03 S800;	主轴正转,转速为800r/min
N25 X45 Z0;	快速至平端面的起点
N30 G01 X−1 F0.2;	平端面
N40 G00 X45 Z5;	刀具快速至循环起始点
N50 G73 U9 W0.5 R5;	封闭切削循环,粗车
N60 G73 P70 Q180 U0.5 W0.2 F0.2;	
N70 G00 X20;	循环起始程序段
N80 G01 Z0 F0.1;	(以下为粗车循环车外圆轮廓)
N90 G01 X24 Z−2;	
N100 Z−25;	
N110 X38;	
N120 G03 X31.93 Z−35.79 R19;	
N130 G02 X28.07 Z−55.71 R20;	
N140 G02 X30 Z−60 R10;	
N150 G01 Z−65;	
N160 X38 Z−80;	
N170 Z−90;	
N180 X45;	
N190 G00 X100 Z100;	快速移动到换刀点
N200 T0202;	调35°精右偏外圆刀
N210 M03 S1200;	精车时转速度为1 200r/min
N220 G00 X45 Z5;	回到循环起始点
N230 G70 P70 Q180;	精车循环
N240 G00 X100 Z100;	精车结束后回到换刀点
N250 T0303;	调切槽刀
N260 M03 S400;	切槽转速为400r/min
N270 G00 X28 Z−25;	切槽定位
N280 G01 X20 F0.05;	切槽至尺寸
N290 G00 X28;	退刀
N300 G00 X100 Z100;	回到换刀点

任务4 螺纹轴编程与加工

续表

程序内容	注释
N310 T0404;	调螺纹刀
N330 M03 S450;	车螺纹转速为450r/min
N340 G00 X24 Z4;	车螺纹定位
N350 G92 X22.9 Z-22 F2;	G92车螺纹
N360 X22.3;	
N370 X21.7;	
N380 X21.3;	
N390 X 21.2;	切螺纹结束
N400 X100;	X、Z方向分开退刀
N410 Z100;	
N420 T0303;	调切断刀
N430 M03 S400;	转速为400r/min
N440 G00 X45 Z-94;	
N450 G75 R1;	切断
N460 G75 X-1 P5000 F0.05;	
N470 G00 X100 Z100;	
N480 M30;	程序结束并返回开始处

先用上海宇龙仿真模拟软件进行仿真操作练习,掌握数控车床的操作及零件加工的过程后再上数控车床进行操作加工。

四、螺纹轴加工

1. 领用工具

领用数控车削加工零件的工、刃、量具清单,见表2.26。

表2.26 数控车削加工零件的工、刃、量具清单

序号	名称	规格	数量	备注
1	游标卡尺	0~150mm/0.02mm	1	
2	千分尺	0~25mm/0.01mm,25~50mm/0.01mm,50~75mm/0.01mm	各1	
3	螺纹环规	M24×2	1	
4	百分表	0~10mm/0.01mm	1	
5	外圆车刀	普通外圆车刀	1	
6	磁性表座		1	
7	塞尺	0.02~1mm	1	

续表

序号	名称	规格	数量	备注
8	外圆粗车刀	20mm×20mm	1	
9	外圆精车刀	93°	1	
10	可转位外圆车刀	R型、V型、T型、S型刀片	各1	
11	外切槽刀	刀宽为4mm	1	
12	外螺纹车刀	三角形螺纹60°	1	
13	辅具	莫氏钻套、钻夹头、活络顶尖	各1副	
14	材料	ϕ40mm 的 45 钢棒材	1	
15	其他	铜棒、铜皮、毛刷等常用工具；计算机、计算器、编程用书等		选用

2. 螺纹轴加工步骤

①打开机床电源及返回机床参考点。

②装夹工件毛坯并校正。

③装夹刀具并校正。

装夹外螺纹车刀时，车刀刀尖一定要对准工件中心（可根据尾座顶尖高度检查）。车刀刀尖的对称中心线必须与工件轴线垂直，装刀时可用样板来对刀，如图2.26所示，刀头伸出不要过长，一般为刀杆厚度的1.5倍左右。

④依次对刀并设置刀偏值。

⑤程序的输入、编辑和修改。

⑥程序调试（图形模拟加工）。

⑦程序的自动运行。

⑧检测零件及校正刀偏值。

⑨切断机床电源。

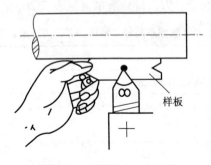

图2.26 外螺纹车刀的安装

五、检查评估

加工完成后对零件进行去毛刺处理，并对其尺寸进行检测，零件检测评分见表2.27。

任务4　螺纹轴编程与加工

检测完后对整个加工过程出现过的问题和可能出现的问题进行评估、总结。

表 2.27　零件检测评分

项目	序号	技术要求	配分	评分标准	得分
程序与工艺（15%）	1	程序正确完整	5	不规范每处扣1分	
	2	切削用量合理	5	每错一处扣1分	
	3	工艺过程规范合理	5	不合理每处扣1分	
机床操作（20%）	4	刀具选择正确	5	不正确每处扣1分	
	5	对刀及坐标系设定正确	5	不正确每处扣1分	
机床操作（20%）	6	机床操作规范	5	不规范每处扣1分	
	7	工件加工不出错	5	出错全扣	
工件质量（35%）	8	尺寸精度符合要求	25	不合格每处扣1分	
	9	表面粗糙度及形位公差符合要求	10	不合格每处扣1分	
文明生产（15%）	10	安全操作	5	出错全扣	
	11	机床维护与保养	5	不合格全扣	
	12	工作场所整理	5	不合格全扣	
相关知识及职业能力（15%）	13	数控加工基础知识	5	教师提问	
	14	自学能力	10	教师根据学员的学习情况、表达沟通能力、合作能力和创新能力酌情给分	

知识拓展

1. 切削用量的选用原则

粗车时，应尽量保证较高的金属切除率和必要的刀具耐用度。

选择切削用量时应首先选取尽可能大的背吃刀量 a_p，其次根据机床动力和刚性的限制条件，选取尽可能大的进给量 f，最后根据刀具耐用度要求，确定合适的切削速度 v_c。增大背吃刀量 a_p 可使走刀次数减少，增大进给量 f 有利于断屑。

精车时，对加工精度和表面粗糙度要求较高，加工余量不大且较均匀。选择精车的切削用量时，应着重考虑如何保证加工质量，并在此基础上尽量提高生产率。因此，精车时应选用较小（但不能太小）的背吃刀量和进给量，并选用性能高的刀具材料和合理的几何参数，以尽可能提高切削速度。

2. 切削用量的选取方法

（1）背吃刀量的选择

粗加工时，除留下精加工余量外，一次走刀应尽可能切除全部余量，也可分多次走刀。

精加工的加工余量一般较小,可一次切除。在中等功率机床上,粗加工的背吃刀量可达8~10mm;半精加工的背吃刀量为0.5~5mm;精加工的背吃刀量为0.2~1.5mm。

(2)进给速度(进给量)的确定

粗加工时,由于对工件的表面质量没有太高的要求,故此时主要根据机床进给机构的强度和刚性、刀杆的强度和刚性、刀具材料、刀杆和工件尺寸以及已选定的背吃刀量等因素来选取进给速度。精加工时,则按表面粗糙度要求、刀具及工件材料等因素来选取进给速度。进给速度v_f可以按公式$v_f = f \times n$计算(式中,f表示每转进给量,粗车时一般取0.3~0.8mm/r);精车时进给速度常取0.1~0.3mm/r;切断时常取0.05~0.2mm/r。

(3)切削速度的确定

切削速度v_c可根据已经选定的背吃刀量、进给量及刀具耐用度进行选取。实际加工过程中,也可根据生产实践经验和查表的方法来选取。粗加工或工件材料的加工性能较差时,宜选用较低的切削速度。精加工或刀具材料、工件材料的切削性能较好时,宜选用较高的切削速度。切削速度v_c确定后,可根据刀具或工件直径(D)按公式$n = 1\ 000v_c/(\pi D)$来确定主轴转速n(r/min)。

在工厂的实际生产过程中,切削用量一般根据经验并通过查表的方式进行选取。常用硬质合金或涂层硬质合金刀具切削不同材料时的切削用量推荐值见表2.28,表2.29为常用切削用量推荐表。

表2.28 硬质合金刀具切削用量推荐

刀具材料	工件材料	粗加工			精加工		
		切削速度v_c /(m·min^{-1})	进给量f /(mm·r^{-1})	背吃刀量a_p /mm	切削速度v_c /(m·min^{-1})	进给量f /(mm·r^{-1})	背吃刀量a_p /mm
硬质合金或涂层硬质合金	碳钢	220	0.2	3	260	0.1	0.4
	低合金钢	180	0.2	3	220	0.1	0.4
	高合金钢	120	0.2	3	160	0.1	0.4
	铸铁	80	0.2	3	120	0.1	0.4
	不锈钢	80	0.2	2	60	0.1	0.4
	钛合金	40	0.2	1.5	150	0.1	0.4
	灰铸铁	120	0.2	2	120	0.15	0.5
	球墨铸铁	100	0.2	2	120	0.15	0.5
	铝合金	1 600	0.2	1.5	1 600	0.1	0.5

任务 4　螺纹轴编程与加工

表 2.29　常用切削用量推荐

工件材料	加工内容	背吃刀量 a_p /mm	切削速度 v_c / (m·min^{-1})	进给量 f / (mm·r^{-1})	刀具材料
碳素钢 $\delta_b > 600\text{MPa}$	粗加工	5~7	60~80	0.2~0.4	YT 类
	粗加工	2~3	80~120	0.2~0.4	
	精加工	2~6	120~150	0.1~0.2	
碳素钢 $\delta_b > 600\text{MPa}$	钻中心孔		500~800	钻中心孔	W18Cr4V
	钻孔		25~30	钻孔	
	切断（宽度<5mm）	70~110	0.1~0.2	切断（宽度<5mm）	YT 类
铸铁 $HBS < 200$	粗加工		50~70	0.2~0.4	YG 类
	精加工		70~100	0.1~0.2	
	切断（宽度<5mm）	50~70	0.1~0.2		

3. 选择切削用量时应注意的几个问题

车螺纹时，应根据零件上被加工部位的直径、零件和刀具的材料及加工性质等条件所允许的切削速度来确定主轴转速。切削速度除了计算和查表选取外，还可根据实践经验确定，需要注意的是交流变频调速数控车床低速输出力矩小，因而切削速度不能太低。根据切削速度可以计算出主轴转速。

车螺纹时的主轴转速。数控车床加工螺纹时，因其传动链的改变，原则上其转速只要能保证主轴每转一周时，刀具沿主进给轴（多为 Z 轴）方向移动一个螺距即可。

在车削螺纹时，车床的主轴转速将受到螺纹的螺距 P（或导程）大小、驱动电动机的升降频特性以及螺纹插补运算速度等多种因素影响，故对于不同的数控系统，推荐不同的主轴转速选择范围。大多数经济型数控车床推荐车螺纹时的主轴转速 n (r/min) 为

$$n \leqslant (1\,200/P) k$$

式中，P——被加工螺纹螺距，mm；
　　　k——保险系数，一般取为 80。

习题训练

1. 数控车削时为什么要进行刀具半径补偿？
2. 螺纹车削的固定循环指令有哪些？各有什么不同？
3. 切削用量的选用原则是什么？在选择切削用量时应注意哪些问题？
4. 外螺纹车刀如何安装、对刀及加工？
5. 试对如图 2.27 和图 2.28 所示的螺纹轴零件进行工艺编制、编程及加工。棒料的材料为 45 钢，直径为 30mm。

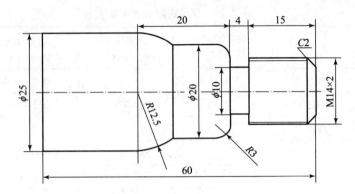

图 2.27 螺纹轴零件

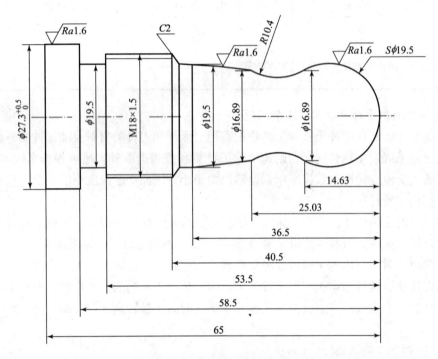

图 2.28 螺纹轴零件

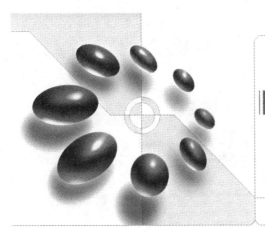

学习情境三 孔类零件的数控编程与加工

任务5 齿轮坯的编程与加工

任务导入

齿轮是机械传动中常见的盘（孔）类零件，而齿轮坯是形成齿轮前的半成品工件，其结构较简单，但对尺寸精度、表面粗糙度、形位公差等都有较高的要求。本任务就是要求在数控车床上，采用单件、小批量的生产模式，完成如图3.1所示的齿轮坯的加工，以达到掌握套类零件数控车削工艺流程、加工程序编写及数控切削操作技能的目的。

知识链接

一、套（孔）类零件的装夹

套类工件的主要加工表面是内孔、外圆和端面，这些表面有较高的形状精度和位置精度要求。因此，应选择合理的装夹方法。

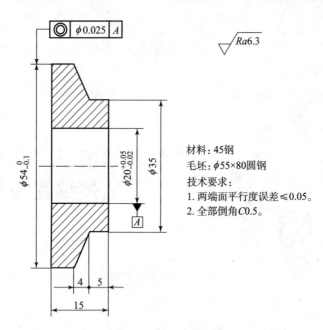

材料: 45钢
毛坯: $\phi55\times80$圆钢
技术要求:
1. 两端面平行度误差≤0.05。
2. 全部倒角C0.5。

图 3.1 齿轮坯

1. 尽可能在一次装夹中完成车削工件的全部或大部分表面

如图 3.2 所示的车削在一次装夹中完成了如图 3.1 所示的齿轮坯全部表面车削加工。单件、小批量生产，可在一次装夹中把工件大部分表面车削至要求，切断后，调头采用软卡爪装夹，精车端面和倒角。这种方法不存在因装夹而产生的定位误差，可获得在一次装夹中较高的形位公差精度。但这种方法换刀频繁，不利于提高生产效率，大批量生产时一般不采用该方法。

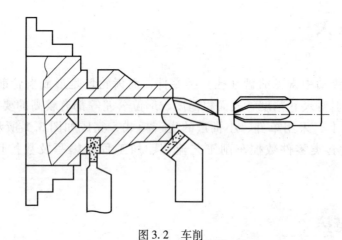

图 3.2 车削

2. 以外圆作为定位基准

在加工外圆直径较大、内孔直径较小、定位长度较短的工件时，多以外圆为基准来保证工件的位置精度。此时，一般应用软卡爪装夹工件。软卡爪用未经淬火的 45 钢制成，其形状及制作如图 3.3 所示。车削软卡爪的内限位台阶时，定位圆柱应放在卡爪的里面，用卡爪底部夹紧。用如图 3.4 所示的扇形软卡爪装夹精车工件内孔和端面时，工件不易发

任务5 齿轮坯的编程与加工

生变形。

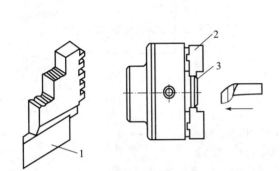

图 3.3 软卡爪的形状及制作

1,2—软卡爪；3—定位圆柱

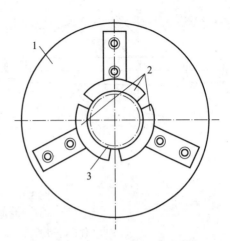

图 3.4 工件用扇形软卡爪装夹

1—卡盘；2—软卡爪；3—工件

3. 以内孔为基准精车外圆和端面

（1）工件用胀力心轴装夹（见图3.5）

用胀力心轴装夹工件时，精车外圆和端面，能保证外圆和端面对孔轴线的位置精度，且工件不易变形。

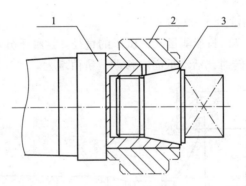

图 3.5 工件用胀力心轴装夹

1—夹具体；2—工件；3—锥堵

（2）工件用实体心轴装夹

实体心轴分不带台阶和带台阶两种。不带台阶的实体心轴又称小锥度心轴［见图3.6（a）］，其锥度 $C = 1:5\ 000 \sim 1:1\ 000$，这种心轴的特点是制造容易、定心精度高，但轴向无法定位，承受切削力小，工件装卸时不太方便。带台阶的心轴如图3.6（b）所示，其配合圆柱面与工件孔保持较小的配合间隙，工件靠螺母压紧，常用来一次装夹多个工件，若装上快换垫圈，则装卸工件更加方便，但其定心精度较低，只能保证0.02mm左右的同轴度。

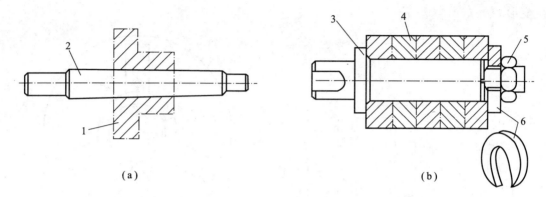

图 3.6 工件用实体轴心装夹
(a) 小锥度心轴；(b) 台阶心轴
1, 4—工件；2—小锥度心轴；3—台阶心轴；5—螺母；6—快换垫圈

二、套（孔）类零件的尺寸测量

1. 孔径尺寸检验

由于孔径精度要求较高，因此，可采用以下几种方法测量。

(1) 用光滑极限塞规检测

综合检验孔的直径和圆度是否合格。

(2) 用内测千分尺测量

内测千分尺（见图 3.7）只能测量孔口试车的直径。这种千分尺刻线方向与外径千分尺相反，当微分筒顺时针旋转时，活动爪向右移动，量值增大。

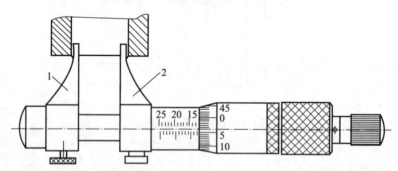

图 3.7 内测千分尺
1—固定量爪；2—活动量爪

(3) 用内径百分表测量

用内径百分表测量孔径，需外径千分尺配合才能读出内孔的实际直径。测量时表杆做上下摆动，以便找到孔的实际直径（见图 3.8）。

2. 跳动度误差检测

用杠杆百分表检测跳动度误差，如图 3.9 所示。

任务 5　齿轮坯的编程与加工

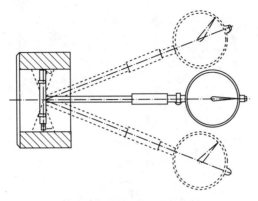

图 3.8　内径百分表测量

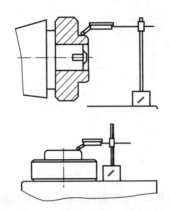

图 3.9　杠杆百分表检测跳动度

三、端面（锥面）及内孔车削指令

1. GSK980TD 系统的编程指令

（1）端面（锥面）粗车循环指令（G94）

该指令主要用于盘套类零件的粗加工工序。

指令格式：

G94　X(U)～Z(W)～R～F～；

程序中，X～Z～——端面切削终点绝对坐标值；

U～W～——切削终点相对于刀具起点的增量坐标值；

R～——切削循环起点 C 与循环终点 B 的 Z 轴方向坐标值之差。

当 R＝0 时，为端面切削循环，R 可省略（轨迹如图 3.10 所示）；

当 R≠0 时，为锥面切削循环，如图 3.11 所示，切削锥面的轨迹为顺锥；

当 R 值为负值时为正锥，倒锥 R 为正值。

G94 指令运行结束，车刀返回到刀具起点 A。

［例1］如图 3.12 所示的零件台阶面，分三次走刀车削，应用 G94 指令编写该零件的加工程序，程序如下：

……

N100 G00 X102 Z2；　　　　　（确定 G94 起点位置 A）

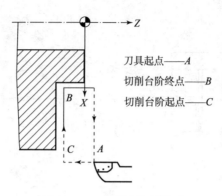

图 3.10　G94 端面切削循环

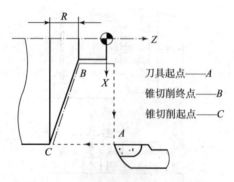

图 3.11　G95 带锥度的端面切削循环

N110 G94 X50 Z-3 F100;　　（第一次循环，切削深度 3mm）
N120 Z-6;　　　　　　　　（第二次循环，切削深度 3mm）
N130 Z-10;　　　　　　　 （第三次循环，切削深度 4mm）
……

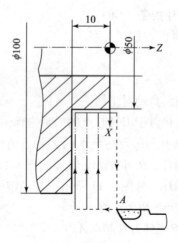

图 3.12　G94 端面切削循环实例

[例2] 如图 3.13 所示，应用 G94 指令编写该零件加工程序，程序如下：
……

任务5 齿轮坯的编程与加工

```
N100 G00 X102 Z2;              （确定 G94 起点位置 A）
N110 G94 X30 Z2 R20 F100;      （第一次循环，切削深度 3mm，锥面长度 R = −20mm）
N120 Z5;                       （第二次循环）
N130 Z8;                       （第三次循环）
N140 Z11;                      （第四次循环）
N150 Z14;                      （第五次循环）
……
```

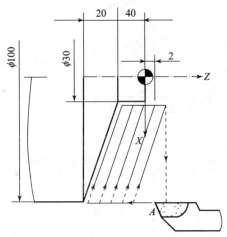

图 3.13 G94 带锥度的端面切削循环实例

（2）切削内孔编程指令（G90）

粗车可用 G90 循环指令编程，精车用单一指令编程。

[例3] 粗车如图 3.14 所示工件的 $\phi 20\text{mm} \times 45\text{mm}$ 内孔，孔的加工余量为 2mm，粗车至 $\phi 19\text{mm}$，编程指令如下：

```
……
N60 G00 X100 Z100;
N70 T0202;                     （换内孔粗车刀）
N80 M03 S300;
N90 G00 X18 Z2;
N100 G90 X19 Z46 F60;
N110 X198 Z46;                 （粗车完毕）
N120 G00 X100 Z100;
……
```

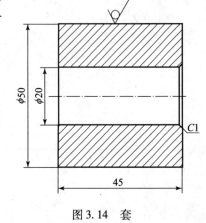

图 3.14 套

2. GK928TA 系统的编程指令

（1）端面、锥面粗车循环指令（X 轴方向切削，G81）

端面、锥面粗车循环又称横向车削循环，其车削循环原理与 G81 指令基本相同。该指令主要适用于盘（套）类零件的端面加工，走刀路线如图 3.15 所示。

指令格式：

G81 X(U)～ Z(W)～ I～ C～ P～；

程序中，X~ Z~——圆柱终点的绝对坐标值；

U~ W~——圆柱终点相对于刀具起点的增量坐标值，即 $U = X_{圆柱终点} - X_{刀具起点}$，$W = Z_{圆柱终点} - Z_{刀具起点}$；

I~——I =（圆锥小端直径 - 圆锥大端直径）/2，$I = 0$ 省略，即无锥面；

C~——刀具沿 Z 轴方向的每次切削深度，$C > 0$；

P~——刀具沿 Z 轴方向的每次退刀距离，$P > 0$。

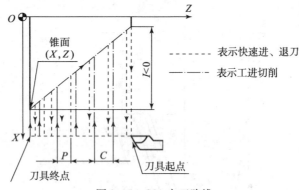

图 3.15　G81 走刀路线

[例 4] 加工如图 3.16 所示套类工件的 $\phi 50\text{mm} \times 10\text{mm}$ 的台阶，G81 指令为
……

N90 G00 X102 Z0;　　　　　（刀具起点的定位）
N100 G00 X102 Z0;　　　　　（确定 G81 起点位置 A）
N110 G81 X50 Z-3;　　　　　（第一次循环，切削深度 3mm）
N120 Z-6;　　　　　　　　　（第二次循环，切削深度 3mm）
N130 Z-10;　　　　　　　　　（第三次循环，切削深度 4mm）
……

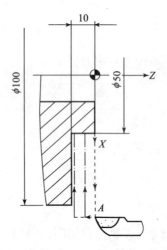

图 3.16　G81 端面切削循环实例

(2) 切削内孔编程指令

粗车可用 G80 循环指令编程，精车用单一指令编程。

任务5 齿轮坯的编程与加工

[例5] 加工如图 3.14 所示工件的 $\phi20\text{mm} \times 45\text{mm}$ 内孔，孔的加工余量为 2mm，编程指令如下：

......

N60 G00 X100 Z100 N70 T0202;　　　　（换内孔粗车刀）
N80 M03 S300;
N90 G00 X18 Z2;
N100 G80 X198 Z46 A1 P1 F60;　　　　（留精车余量 0.2mm）
N110 G00 X100 Z100;
N120 T0303;　　　　　　　　　　　　　（换内孔精车刀）
N130 M03 S400;
N140 G00 X24 Z1;　　　　　　　　　　（倒角前定位）
N150 G01 X20 Z1 F60;　　　　　　　　（倒角）
N160 Z-46;　　　　　　　　　　　　　（精车内孔）
N170 X18;　　　　　　　　　　　　　　（退刀）
N180 G00 Z100;
N190 X100;
N200 M02;

任务实施

一、制定齿轮坯零件加工工作流程

①零件图工艺分析。
②确定装夹方案和定位基准。
③选择刀具及切削用量。
④确定加工顺序及进给路线。
⑤计算坐标点。
⑥确定编程路线及过程。
⑦编写数控加工程序。
⑧领用工具。
⑨打开机床电源。
⑩返回机床参考点。
⑪手动进行 X、Z 轴的移动。
⑫装夹工件毛坯。
⑬装夹刀具并校正。
⑭对车刀进行对刀。
⑮输入程序并进行编辑、修改。
⑯零件首件试切。

⑰检测零件及校正刀偏值。
⑱切断机床电源。
⑲检查与评价。

二、齿轮坯零件加工工作条件准备

①机床设备：GSK980TD 系统或 GSK928TA 系统数控车床数台。
②刀具类：数控车床用普通焊接式外圆车刀、内孔车刀和切槽刀等。
③量具类：游标卡尺、深度尺、内径千分尺、外径千分尺和百分表等。
④工艺装备类：各类扳手及通用夹紧元件等。
⑤手册类：各类刀具手册、数控系统手册、相关机床操作手册和工艺手册等。
⑥模拟软件类：上海宇龙仿真模拟软件和南京宇航仿真模拟软件等。
⑦辅助工具：通用计算机。
⑧工件材料：45 钢棒料。

三、齿轮坯零件工艺分析与程序编写

1. 零件加工分析
（1）根据生产任务
零件属于单件、小批量生产。
（2）根据图样
隔套的外轮廓尺寸为 φ54mm×15mm，内孔直径为 20mm，各加工表面质量要求不高，尺寸精度只是内孔有公差要求，其他要求较低，但对两端面的平行度误差要求≤0.05mm。材料 45 钢，毛坯为 φ55mm×80mm 棒料。

2. 确定加工方案
（1）设备选用
加工对象尺寸较小，可选择小型号的数控车床，如 SKC6140。
（2）确定安装方式
为了保证工件两端面的平行度误差要求≤0.05mm，采取三爪卡盘安装，在一次装夹中完成内外圆、右端面、倒角的加工并切断工件。第二次安装时，校平端面后倒角。

3. 刀具、量具的选择
①选用 90°合金外圆（端面）车刀、90°合金内孔车刀各一把，合金切槽刀一把，φ18 麻花钻头一把。
②零件精度不高，可选用 0~125mm（0.02）游标卡尺测量。为了确保对刀坐标的精确度，可采用内测千分尺建立坐标。

4. 切削用量的选择
（1）粗车时切削用量的选择
零件表面粗糙度要求不高，加工余量不大，粗车时切削深度取 a_p≤2mm。进给量 f：切削外圆、端面时，f 取 120mm/min；切削内孔时刀具刚性差，f 取 80~100mm/min。主轴转速 S：切削外圆、端面时，S 取 450~500r/min；切削内孔时，S 取 400~450r/min；切断时，S 取 250~300r/min。

任务5 齿轮坯的编程与加工

(2) 精车切削用量选择

切削深度 $a_p \leq 0.5$mm，进给量 f 取 80～100mm/min，主轴转速 S 应稍高于粗车时的 20%。

5. 确定工件加工路线

(1) 夹毛坯 ϕ55mm 外圆，伸出约 55 mm（一次装夹可加工 3 件；单件生产，伸出可短些）。

(2) 钻 ϕ18mm×18mm 孔（钻孔深度根据加工件数确定）。

(3) 粗、精车端面、ϕ54mm 外圆、ϕ35mm×5mm 台阶及 4mm 的锥面至尺寸。

(4) 粗、精车内孔 ϕ20mm×18mm 至尺寸，倒内角。

(5) 切断长度 15mm 至尺寸。

(6) 二次装夹，靠平端面，倒内、外角。

6. 编写数控加工程序

用 GSK980TD 系统编写数控加工程序，见表 3.1。

表 3.1　加工程序

GSK980TD 系统加工程序	注释
T0101：90°（外圆、端面）车刀	
T0202：内孔车刀	
T0303：合金切断车刀（刀宽 2mm，右侧刀尖）	
O0301	程序名
N10 G00 X100 Z100;	快速将车刀退至安全换刀点
N20 T0101;	换 1 号刀，执行 1 号刀补
N30 M03 S450;	主轴正转，450r/min
N40 G00 X57 Z0.2;	车刀快速定位至（X57，Z0.2）
N50 G01 X18 F120;	粗车端面（留 0.2mm 精车余量）
N60 G00 X57 Z1;	快速将车刀定位至（X57，Z1）
N70 G94 X36 Z-2 R-4;	粗车 ϕ35mm×5mm 台阶及锥面（留 1mm 精车余量）
N80 X36 Z-4;	粗车 ϕ35mm×5mm 台阶及锥面（第 2 层）
N90 X36 Z-5;	粗车 ϕ35mm×5mm 台阶及锥面（第 3 层）
N100 G00 Z0;	快速将车刀定位至 Z0
N110 G01 X17 F100;	精车端面
N120 X34;	退出
N130 G01 X35 W-0.5;	倒角（C0.5）
N140 W-4.5;	精车 ϕ35×5mm 台阶
N150 X50 W-4;	精车锥面
N160 W-9.5;	精车 ϕ50mm
N170 G00 X100 Z100;	快速将车刀退至安全换刀点

续表

GSK980TD 系统加工程序	注释
N180 T0202；	换 2 号刀，执行 2 号刀补
N190 M03 S400；	主轴正转，400r/min
N200 G00 X18 Z72；	快速将车刀定位至（X18，Z2）
N210 G90 X19.5 Z−18.5 F100；	粗车内孔
N220 G00 X23 Z1；	精车前快速将车刀定位至（X23，Z1）
N230 G01 X20 W−1.5 F80；	倒角（C0.5）
N240 Z−18.5；	精车内孔
N250 G00 X18 Z2；	快速退刀
N260 G00 X100 Z100；	退刀至换刀点
N270 T0303；	换 3 号刀，执行 3 号补
N280 M03 S400；	主轴正转，400r/min
N290 G00 X52 Z−15；	切断定位
N300 G01 X17 F40；	切断
N310 G00 X50；	快速退刀
N320 G01 X100 Z 100；	快速将车刀退至换刀点
N330 M30；	程序结束，停止

四、齿轮坯加工

1. 领用工具

领用数控车削加工零件的工、刃、量具清单见表3.2。

表 3.2　数控车削加工零件的工、刃、量具清单

序号	名称	规格	数量	备注
1	游标卡尺	0~150mm/0.02mm	1	
2	内测千分尺	0~25mm/0.01mm	1	
3	麻花钻	ϕ18mm	1	
4	合金外圆（端面）车刀	90°	1	
5	合金内孔车刀	90°	1	
6	合金外切槽刀	2mm	1	
7	材料	ϕ55mm×80mm 的 45 钢棒材	1	
8	其他	铜棒、铜皮、毛刷等常用工具；计算机、计算器、编程用书等		选用

任务5 齿轮坯的编程与加工

2. 齿轮坯加工步骤

①打开机床电源，返回机床参考点。
②装夹工件毛坯并校正。
③装夹刀具并校正。
④依次对刀并设置刀偏值。
⑤程序的输入、编辑和修改。
⑥程序调试（图形模拟加工）。
⑦实施切削加工。
⑧检测零件及校正刀偏值。
⑨切断机床电源。

五、检查评估

加工完成后对零件进行去毛刺处理，并对尺寸进行检测，零件质量检测评价见表3.3。检测完后对整个加工过程出现过的问题和可能出现的问题进行评估、总结。

表3.3 质量检测评价

项目	序号	技术要求	配分	评分标准	得分
程序与工艺（15%）	1	程序正确完整	5	不规范每处扣1分	
	2	切削用量合理	5	每错一处扣1分	
	3	工艺过程规范合理	5	不合理每处扣1分	
机床操作（20%）	4	刀具选择正确	5	不正确每处扣1分	
	5	对刀及坐标系设定正确	5	不正确每处扣1分	
	6	机床操作规范	5	不规范每处扣1分	
	7	工件加工不出错	5	出错全扣	
工件质量（35%）	8	尺寸精度符合要求	25	不合格每处扣1分	
	9	表面粗糙度及形位公差符合要求	10	不合格每处扣1分	
文明生产（15%）	10	安全操作	5	出错全扣	
	11	机床维护与保养	5	不合格全扣	
	12	工作场所整理	5	不合格全扣	
相关知识及职业能力（15%）	13	数控加工基础知识	5	教师提问	
	14	自学能力	10	教师根据学员的学习情况、表达沟通能力、合作能力和创新能力酌情给分	
		表达沟通能力			
		合作能力			
		创新能力			

知识拓展

1. 内孔车刀的选择

根据不同的加工情况，选择通孔车刀和盲孔车刀。

目前各种不重磨涂层硬质合金刀具在数控加工中已被广泛应用，图3.17所示为不重磨内孔车刀，刀片是不重磨涂层硬质合金刀。当刀片出现磨损或崩刃时，把紧固装置松开，刀片旋转到另一角度，上紧后即可继续切削加工。对于单件、小孔径的零件也可用整体式高速钢内孔车刀，如图3.18所示。对于普通加工，一般采用焊接式内孔车刀，如图3.19所示。

图3.17　不重磨内孔车刀　　　　图3.18　高速钢内孔车刀

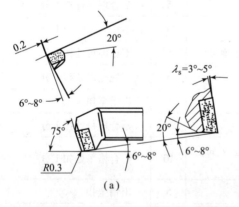

(a)　　　　　　　　　　　　(b)

图3.19　焊接式内孔车刀

(a)结构图；(b)实物图

2. 内孔车刀刀杆与刀头刃磨要求

①从强度方面考虑，在保证有足够退刀量与排屑空间的前提下，应尽可能增大刀杆的横截面积。

②从刚性方面考虑，在满足加工长度需求的情况下，刀杆伸出长度应尽可能短些。

3. 内孔车刀切削部分的刃磨要求

图3.19(b)所示为焊接式内孔车刀的示意图。

①内孔车刀后角比外圆车刀略大些，且需磨出第二后角，如图3.19所示；受内孔孔壁圆弧曲率半径的影响，车刀的实际切削后角会小一些。

任务6　带轮的编程与加工

②刀杆强度的影响。不能按强力切削刀具的角度来刃磨内孔车刀的角度，要求刃磨的角度要锋利些。

本任务可选用高速钢内孔车刀，也可采用如图3.19所示的焊接式内孔车刀作为车孔刀具。有条件还可选用如图3.17所示的数控专用车孔刀。

习题训练

1. 数控车削时，怎样正确装夹套（孔）类零件？
2. 内孔车刀刀杆与刀头刃磨有什么具体要求？
3. 试对如图3.20所示的齿轮坯零件进行工艺编制、编程及加工。棒料的材料为45钢，直径为60 mm。

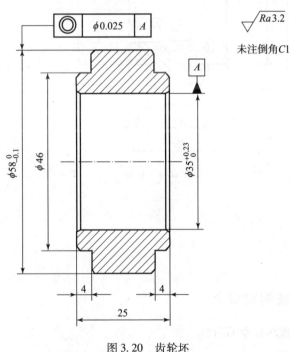

图3.20　齿轮坯

任务6　带轮的编程与加工

任务导入

皮带轮（简称带轮）是带传动的主要构件，通过与皮带之间的摩擦传递运动和动力。皮带轮有平皮带带轮和V带带轮之分，其中V带带轮应用比较广泛。本任务要求在数控车床上完成如图 3.21 所示的 V 带带轮的加工,以达到掌握和提高带轮类零件工艺分析与编程能力和实际操作技能的目的。

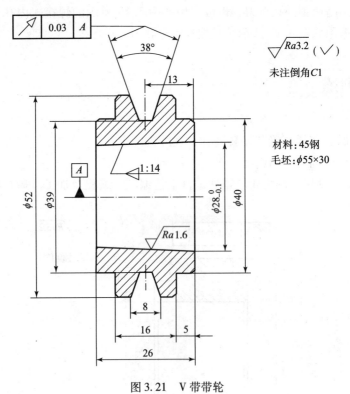

图 3.21 V 带带轮

一、GSK980TD 系统编程指令

1. 轴向切槽多重循环指令 G74

指令格式:

G74 R (e);

G74 X(U)~ Z(W)~ P(Δi) Q(Δk) R(Δd) F~;

程序中,R (e)——每次沿轴向(Z 方向)切削 Δk 后的退刀量,单位为 mm,无符号;

X——切削终点 X 方向的绝对坐标值,单位为 mm;

U——X 方向上,切削终点与起点的绝对坐标的差值,单位为 mm;

Z——切削终点 Z 方向的绝对坐标值,单位为 mm;

W——Z 方向上,切削终点与起点绝对坐标的差值,单位为 mm;

P (Δi)——X 方向的每次循环的切削量,单位为 0.001mm,半径值,无符号;

Q (Δk)——Z 方向的每次切削的进刀量,单位为 0.001mm,无符号;

R (Δd)——切削到轴向(Z 方向)切削终点后,沿 X 方向的退刀量,单位为

mm，半径值；缺省 X（U）和 P（Δi）时，默认为 0；

F——切削进给速度。

执行该指令时，刀具的运行轨迹如图 3.22 所示。

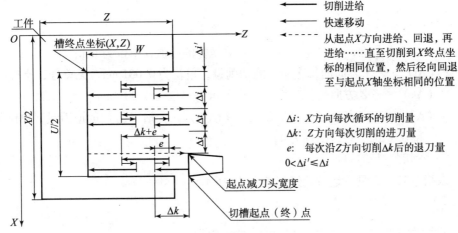

图 3.22　G74 指令运行轨迹

［例6］应用 G74 指令编写图 3.23 所示零件的加工程序程序。设切端面槽刀头宽度为 3mm，对刀刀位点如图 3.24 所示。

编程如下：

N100 G00 X120 Z80；　　　　　（快速定位）

N110 M03 S400；　　　　　　　（启动王轴置转速为 400r/min）

N120 G00 X54 Z5；　　　　　　（定位到加工循环起点）

N130 G74 R1；　　　　　　　　（加工循环）

N140 G74 X30 Z-10 P2500 Q2500 F40；

N150 G00 X120 Z80；　　　　　（退刀）

N160 M30；　　　　　　　　　（程序结束）

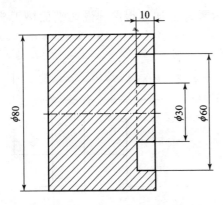

图 3.23　G74 指令切削实例

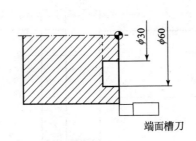

图 3.24　对刀示意

2. 径向切槽多重循环指令 G75

指令格式：

G75 R（e）；

G75 X(U)~ Z(W)~ P(Δi) Q(Δk) R(Δd) F~;

程序中，R（e）——每次沿径向（X方向）切削Δi后的退刀量，单位为mm，无符号；

  X——切削终点X方向的绝对坐标值，单位为mm；

  U——X方向上，切削终点与起点的绝对坐标的差值，单位为mm；

  Z——切削终点Z方向的绝对坐标值，单位为mm；

  W——Z方向上，切削终点与起点绝对坐标的差值，单位为mm；

  P（Δi）——X方向的每次循环的切削量，单位为0.001mm，无符号，半径值；

  Q（Δk）——Z方向的每次切削的进刀量，单位为0.001mm，无符号；

  R（Δd）——切削到径向（X方向）切削终点时，沿Z方向的退刀量，单位为mm，省略Z（W）和Q（Δk）时，则视为0；

  F——切削进给速度。

执行该指令时，刀具的运行轨迹如图3.25所示。

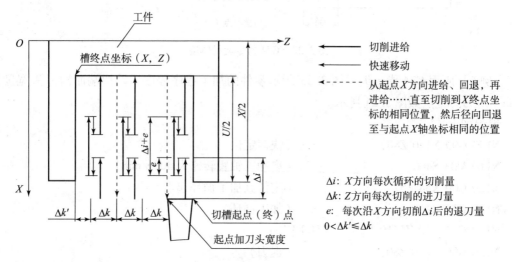

图3.25 G75指令运行轨迹

[例7] 应用G75指令编写如图3.26所示零件的加工程序。设切端面槽刀头宽度为3mm，对刀刀位点如图3.27所示。

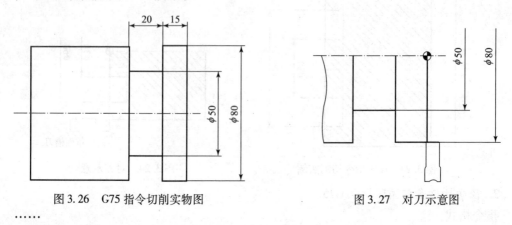

图3.26 G75指令切削实物图   图3.27 对刀示意图

……

N100 G00 X120 Z80;   （快速定位）

N110 M03 S400;   （启动主轴置转速为400r/min）
N120 G00 X82 Z-18;   （定位到加工起始点）
N130 G75 R1;   （加工循环）
N140 G75 X50 Z-35 P2500 Q2500 F40;
N150 900 X120 Z80;   （退刀）
N160 M30;   （程序结束）

（3）子程序调用循环指令
指令格式：
O□□□□   （主程序程序名）
……
M98 P××××□□□□   （××××重复调用的次数1~9999；□□□□被调
                              用的子程序）
……
O□□□□   （子程序程序名）
……   （子程序内容）
M99;   （从子程序返回）

二、GSK928TA 系统编程指令

1. 轴向切槽多重循环指令 G88

指令格式：
G88 X(U)~ Z(W)~ A~ C~ P~;
程序中，X(U)，Z(W)——槽的对角坐标，X(U)给出槽的宽度，Z(W)给出槽的深
                     度；X(U)，Z(W)同时给出槽的方向；
　　A——X轴方向的每次进刀量，A>0，应小于槽刀宽度；
　　C——Z轴方向的刀深增量，C>0；
　　P——Z轴方向退刀的距离，P>0。

循环过程：
①Z轴方向切削进刀C的距离，切削速度退刀P的距离，再切削进刀C，退刀P，……直至Z(W)字段的深度。
②Z轴方向快速返回起始位置。
③X轴方向快速进刀A的距离。
④重复（1）、（2）、（3），直至X轴方向到达X(U)的位置。循环完毕，系统的位置处于：X方向为X(U)字段设定位置，Z方向与G88起点相同位置。执行该指令时，刀具的运行轨迹如图3.28所示。

[例8] 应用G88指令编写图3.23所示零件的加工程序。
N100 G00 X120 Z80;   （快速定位）
N110 M03 5400;   （启动主轴置转速40r/min）
N120 G00 X54 Z5;   （定位到加工循环起点切断刀刀头宽取3 mm）
N130 G88 X30 Z-10 A2.5 C3 P3 F30; （加工循环）

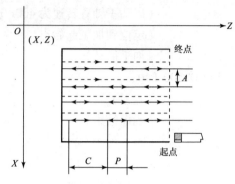

图 3.28 G88 指令运行轨迹

N140 G00 X120 Z80；　　　　　　　　　　（退刀）

N150 M02；　　　　　　　　　　　　　　（程序结束）

2. 径向切槽多重循环指令 G89

指令格式：

G89　X(U)~　Z(W)~　A~　C~　P~；

程序中，X，Z——槽底终点的绝对坐标值；

　　　　U，W——槽底终点相对于刀具起点的坐标增量，即 $U = X_{槽底终点} - X_{刀具起点}$，$W = Z_{槽底终点} - Z_{刀具起点}$；

　　　　A——刀具沿 X 轴方向的每次进刀增量，A>0；

　　　　P——刀具沿 X 轴方向的每次退刀距离，P>0；

　　　　C——刀具沿 Z 轴方向的每次进刀增量，C>0（C 应小于切槽刀的宽度）。

循环完毕，系统的位置处在：X 位置为与起点相同位置，Z 方向为 Z（W）字段设定位置，执行该指令时，刀具的运行轨迹如图 3.29 所示。

[例9] 应用 G89 指令编写如图 3.26 所示零件的加工程序。

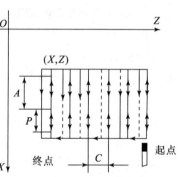

图 3.29 G89 指令运行轨迹

……

N100 G00 X120 Z80；　　　　　　　　　　（快速定位）

N110 M03 S400；　　　　　　　　　　　　（启动主轴置转速为 400r/min）

N120 G00 X82 Z-35；　　　　　　　　　　（定位到加工起始点切断刀刀头宽取 3mm）

N130 G89 X50 Z-18 A3 P3 C2. F2.5；　　　（加工循环）

N140 G00 X120 Z80；　　　　　　　　　　（退刀）

N150 M02；　　　　　　　　　　　　　　（程序结束）

3. 子程序调用循环指令

在一个加工程序中，若有几个一连串的程序段完全相同（一个零件中有几处形状相同或刀具运动轨迹重复），在编程时，为简化编程、缩短程序，可把重复的程序段单独抽出，编成子程序，以供反复调用。在 GSK928TA 系统中，子程序调用指令运用方法如下。

任务6 带轮的编程与加工

（1）指令格式

M98　D~　L~；

程序中，D~——被调用子程序的首段程序号；

L~——调用子程序的次数，若L省略，则表示只调用1次子程序。

（2）子程序编程格式

（主程序内容）

M98　D~　L~；　　　　（子程序调用，D为被调用子程序的首段段号，L为调用次数）

……　　　　　　　　　（主程序内容）

M02；　　　　　　　　 （主程序结束）

……　　　　　　　　　（子程序内容）

M99；　　　　　　　　 （子程序结束返回主程序）

为了进一步简化程序，除主程序可调用子程序外，子程序也可调用子程序，称为子程序嵌套。

注意：

①子程序必须置于主程序M02之后。

②如果省略了重复调用次数L，则默认重复次数为1次。

三、切槽时切削用量的选择

1. 切削深度 a_p 的选择

粗车矩形槽时，切削深度 a_p 等于切槽刀刀头宽，一般选择刀头宽为3mm左右，循环进给切削时，每次循环切刀偏移量应小于刀头宽，并保证槽底平整。进给量 f 的选择应相对普通车床小一些，切削速度的选择应比普通车床的选择高。

精车时，切削深度 $a_p \leqslant 0.5$ mm。

2. 进给量 f 的选择

由于切槽刀的刀头强度比其他车刀低，车刀又主要是受径向切削阻力的作用，进给量太大时，容易使切槽刀折断。因此，粗车时应适当地减小进给量，具体数值根据工件和刀具材料来决定。本项目切槽加工选用硬质合金切槽刀，切槽、切断时取 $f \leqslant 0.02$ mm/r，编程中 f 取30mm/min。

3. 切削速度 v 的选择

切槽时，刀具刚性差，易产生振动，切削速度应比车削外圆时低40%左右。采用硬质合金切槽刀，切削速度取40~50mm/min。根据切削的零件直径，可由切削速度计算公式换算出主轴转速 S，并按经验取 S 为350~400r/min。

任务实施

一、制定带轮零件加工工作流程

①零件图工艺分析。

②确定装夹方案和定位基准。
③选择刀具及切削用量。
④确定加工顺序及进给路线。
⑤计算坐标点。
⑥确定编程路线及过程。
⑦编写数控加工程序。
⑧领用工具。
⑨打开机床电源。
⑩返回机床参考点。
⑪手动进行 X、Z 轴的移动。
⑫装夹工件毛坯。
⑬装夹刀具并校正。
⑭对车刀进行对刀。
⑮输入程序并进行编辑、修改。
⑯零件首件试切。
⑰检测零件及校正刀偏值。
⑱切断机床电源。
⑲检查与评价。

二、带轮零件加工工作条件准备

①机床设备：GSK980TD 系统或 GSK928TA 系统数控车床数台。
②刀具类：数控车床用机夹式外圆车刀、内孔车刀和切槽刀等。
③量具类：游标卡尺、内测千分尺、外径千分尺和内径量表等。
④工艺装备类：各类扳手及通用夹紧元件等。
⑤手册类：各类刀具手册、数控系统手册、相关机床操作手册和工艺手册等。
⑥模拟软件类：上海宇龙仿真模拟软件和南京宇航仿真模拟软件等。
⑦辅助工具：通用计算机。
⑧工件材料：45 钢棒料。

三、带轮零件工艺分析与程序编写

1. 零件图加工工艺分析

（1）精度分析

V 带带轮（见图 3.21）圆锥孔有较高精度要求，V 形槽两侧面对孔轴中心线的跳动度要求为 0.03mm。要保证 V 形槽两侧对孔轴中心线的跳动度要求，必须在一次安装中完成内孔、V 形槽的加工或加工完内孔后再加工 V 形槽。

（2）V 形槽车削方法

①先按 V 形槽槽底宽粗车矩形槽至深度，走刀轨迹如图 3.30（a）中①→②→③→④→⑤所示；再按 V 形精车槽两侧及槽底，走刀轨迹如图 3.30（b）中①→②→③→④→⑤所示。

任务6 带轮的编程与加工

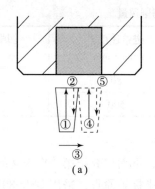 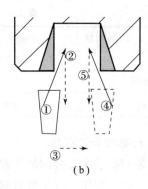

图 3.30 V 形槽车削方法

②加工 V 形槽编程时应根据以下几种情况使用编程指令：
a. 窄的 V 形槽可以用直线插补指令编写粗、精加工程序；
b. 宽的 V 形槽一般用切槽循环指令编写粗车程序，然后用直线插补编写精车程序；
c. 若有几个尺寸相同的槽需要加工，为简化程序，可采用子程序指令编写程序。

2. 工件安装与加工工艺路线的确定

（1）第一次装夹

以工件左端处的毛坯面作为定位粗基准，夹毛坯 $\phi 55\text{mm}$ 的外圆，工件伸出 20mm。该安装的加工步骤如下：

①钻通孔 $\phi 24\text{mm}$。
②车零件右端面。
③粗车 $\phi 52\text{mm} \times 18\text{mm}$ 外圆，径向留 1mm 余量。
④粗、精车 $\phi 40\text{mm} \times 5\text{mm}$，倒角。
⑤粗、精车合锥孔。

（2）第二次装夹

工件调头，以 $\phi 52\text{mm}$ 外圆作为定位精基准，夹 $\phi 52\text{mm} \times 18\text{mm}$ 的外圆（校正）。
①车零件另一端面，取总长。
②车 $\phi 52\text{mm} \times 10\text{mm}$、$\phi 40\text{mm} \times 5\text{mm}$ 外圆，径向、长度各留 1mm 余量。

（3）第三次装夹

工件上锥度心轴，用螺母拧紧。
①精车 $\phi 40\text{mm} \times 5\text{mm}$ 外圆、倒角及 $\phi 52\text{mm} \times 18\text{mm}$ 外圆。
②粗车 V 形槽槽底。
③粗车 V 形槽两侧。
④精车 V 形槽。

3. 选择刀具并确定切削用量

下面以第三次安装为例，选择刀具并确定切削用量。
①精车外圆用 90°硬质合金车刀，T11 或 T0101。
②精车外圆沟槽用宽度为 3mm 的硬质合金切槽刀，T22 或 T0202，以左侧刀尖作为对刀点。
③切削用量的选择（见表 3.4）。

表 3.4　精车 V 带带轮切削用量

加工内容 \ 切削用量	主轴转速 S /(r·min^{-1})	进给速度 f /(mm·min^{-1})	切削深度 a_p /mm
精车外圆	500	80	0.5
精车槽	400	500	0.5

4. 编写带轮数控加工程序

第一次安装和第二次安装的加工程序由学员编制，下面仅介绍第三次安装的加工程序。

第三次安装加工程序：以工件右端面中心为工件坐标系原点，采用 GSK980TD 数控系统编程，编写的程序见表 3.5。

表 3.5　带轮数控加工程序

程序内容	注释
O0302	程序名
N10 G00 X150 Z2;	快速将车刀退至换刀点
N20 T0101;	换 01 号刀，执行 01 号刀补
N30 M03 S500;	主轴正转，500r/min
N40 X38;	车刀快速移至 X38
N50 G01 Z0 F70;	车刀车端面
N60 G01 X45 Z-1 F70;	精车外轮廓描述（N60～N100）
N60 Z-5;	
N70 X50;	
N80 X52 Z-6;	
N90 Z-22;	
N100 G00 X150 Z2;	快速将车刀退至换刀点
N110 M03 S300;	主轴正转，降至 300r/min
N120 T0202;	换 02 号刀，执行 02 号刀补（刀头宽 $a=3$mm）
N130 G00 X55 Z-14.5;	车刀快速移至（X55，Z-14.5）
N140 M98 P10303;	调用子程序，使用 1 次，程序名 O0303
N150 G00 X150 Z2;	快速将车刀退至换刀点
N160 M03 S400;	主轴正转，升至 400r/min
N170 G00 X55 Z-17;	车刀快速移至（X55，Z-17）
N180 M98 P10304;	调用子程序，使用 1 次，程序名 O0304
N190 G00 X150 Z2;	快速将车刀退至换刀点
N200 T0100 G00 U0 W0;	换 02 号刀，取消刀补
N210 M30;	主程序结束，主轴停转，复位

任务6 带轮的编程与加工

续表

程序内容	注释
O0303	子程序名
N10 G75 R1;	子程序（一）粗车槽宽及槽底
N20 G75 X39.2 Z-14.2 P3000 Q2800;	
F50;	
N30 M99;	子程序（一）结束
O0304	
N10 G01 X52 F40;	子程序名
N20 X39 W2.24;	子程序（二）精车槽侧及槽底（N10~N70）
N30 G00 X55;	
N40 Z-12;	
N50 G01 X52 F40;	
N60 X39 W-2.24;	
N70 G00 X55;	
N80 M99;	子程序调用结束

四、带轮加工

1. 领用工具

领用数控车削加工零件的工、刃、量具清单，见表3.6。

表3.6 数控车削加工零件的工、刃、量具清单

序号	名称	规格	数量	备注
1	游标卡尺	0~150mm/0.02mm	1	
2	外径千分尺	25~50mm/0.01mm	1	
3	麻花钻	ϕ24mm	1	
4	合金外圆（端面）车刀	刀尖角80°，主偏角95°，副偏角5°	1	
5	合金内孔车刀	刀尖角80°	1	
6	合金外切槽刀	3mm	1	
7	材料	ϕ55mm×30mm的45钢棒材	1	
8	其他	铜棒、铜皮、毛刷等常用工具；计算机、计算器、编程用书等		选用

2. 带轮加工步骤

①打开机床电源及返回机床参考点。

②装夹工件毛坯并校正。
③装夹刀具并校正。
④依次对刀并设置刀偏值。
⑤程序的输入、编辑和修改。
⑥程序调试（图形模拟加工）。
⑦实施切削加工。
⑧检测零件及校正刀偏值。
⑨切断机床电源。

五、检查评估

将工件的检测结果填入表 3.7 中，并对质量情况进行分析。

表 3.7 零件加工质量检测评价

序号	项目内容及要求	分值	记分标准	检测结果	得分
1	锥孔 $\phi 28$（1:14/ Ra1.6）	10/5	不合格不得分/ Ra 大一级扣 2 分		
2	$\phi 52$、2 - $\phi 40$（IT14），3 处 Ra3.2	3 × 7/3 × 2	不合格不得分		
3	6.5（IT14）/, Ra3.2	10，3	不合格不得分		
4	8（IT14），两处 Ra3.2	5/2 × 3	不合格不得分		
5	26、16、5（IT14），4 处 Ra3.2	3 × 2，4 × 2	不合格不得分		
6	38°	5	不合格不得分		
7	5 处倒角	5	不合格不得分		
8	1. 安全文明生产 （1）无违章操作情况 （2）无撞刀及其他事故 2. 机床维护与环保	10	违章操作、撞刀、出现事故、机床不按要求维护保养扣 5~10 分		

知识拓展

沟槽形状与沟槽测量。

某些零件的结构常常带有一些槽，如图 3.31 所示的拨环零件，它的外圆上有一条径向矩形槽，该零件安装在机器轴上，通过安插在矩形槽上拨块的作用来推动同轴上的其他零件做轴向移位以达到某种功用。

沟槽形状不同，则作用也不同。其中外沟槽是常见的槽，按形状分主要有 3 种：矩形槽

任务6 带轮的编程与加工

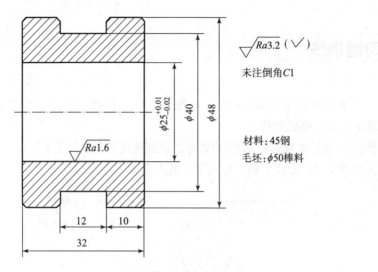

图 3.31 拨环零件

[见图 3.32（a）]、圆弧槽 [见图 3.32（b）] 和 V 形槽 [见图 3.32（c）]。

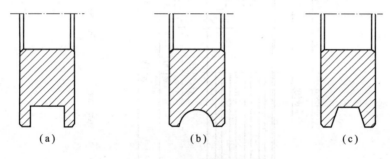

图 3.32 外沟槽的各种形状
(a) 矩形槽；(b) 圆弧槽；(c) V 形槽

沟槽直径可用千分尺或游标卡尺、卡钳等测量；沟槽宽度可用钢直尺、样板和游标卡尺等测量。图 3.33 所示为测量较高精度沟槽的几种方法。

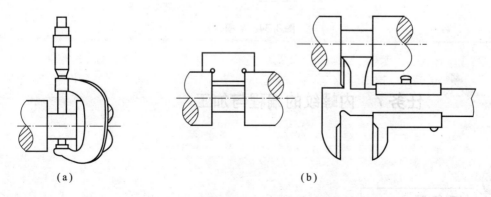

图 3.33 测量较高精度沟槽的几种方法
(a) 用外径千分尺测量沟槽直径；(b) 用样板、游标卡尺测量沟槽宽度

习题训练

1. 在 GSK980TD 系统和 GSK928TA 系统中，轴向切槽多重循环指令和径向切槽多重循环指令分别是什么？格式怎样？

2. 切槽时，怎样正确选择切削深度 a_p、切削速度 v 和进给量 f？

3. 完成如图 3.34 所示 V 槽带轮的加工程序编制及车削加工任务。

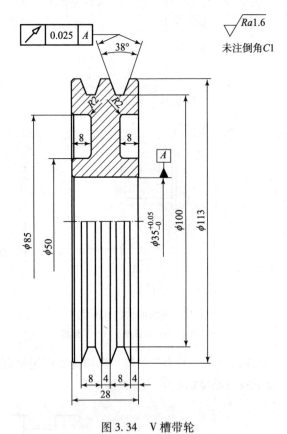

图 3.34 V 槽带轮

任务7 内螺纹的编程与加工

螺母是机械传动中常见的盘（孔）类零件，其结构较简单，但对螺纹尺寸精度、牙型

任务7　内螺纹的编程与加工

角度、表面粗糙度和形位公差等都有较高的要求。

本任务就是要求在数控车床上完成如图3.35所示螺母所包含的外圆、内孔和内螺纹等表面的加工，以达到掌握螺母类零件数控车削工艺流程、加工程序编写及数控切削操作技能的目的。毛坯材料采用45钢，规格：$\phi 45mm \times 30mm$。

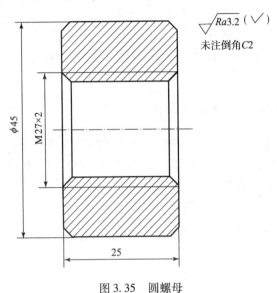

图3.35　圆螺母

知识链接

一、内螺纹车刀

1. 内螺纹车刀的种类

机械紧固式不重磨内螺纹车刀的不重磨内螺纹硬质合金刀片有3个刀尖，当其中一个刀尖磨损后，可以马上更换其他的刀尖，便捷、高效。如图3.36（a）所示。

焊接式内螺纹车刀，如图3.36（b）所示。

高速钢内螺纹车刀，如图3.36（c）所示。

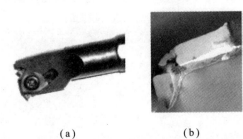

图3.36　内螺纹车刀

(a)机械紧固式不重磨内螺纹车刀；(b)焊接式内螺纹车刀；(c)高速钢内螺纹车刀

2. 内螺纹车刀的安装

内螺纹车刀要用螺纹对刀样板安装，以免产生倒牙。内螺纹车刀属于成型刀具，刀尖应与机床旋转中心等高，否则将影响牙型角度。

在安装内螺纹车刀时，必须用样板找正刀尖角（见图3.37），否则车削后会出现倒牙现象，刀装好后，应以手动方式移动大拖板使车刀在孔内移动至工件终点，检查车刀是否碰撞工件内表面。

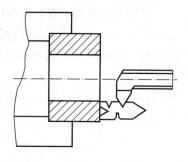

图3.37 内螺纹车刀安装对刀

二、车内螺纹前的有关尺寸计算及要求

车内螺纹前，应先钻孔、扩孔，孔径尺寸根据所加工的材料确定。

①车铸铁材料时，材料脆，齿顶易崩，孔径尺寸取 $D \approx d - 1.05P$。

②车钢件时，孔径尺寸取 $D \approx d - 1.08P$。

其尺寸公差可根据普通螺纹有关公差表查取。

例如，车削45钢 M45×2 的内螺纹，确定孔径尺寸。

孔径为 $D \approx d - 1.08P = 45 - 1.08 \times 2 = 42.84 \text{mm}$，查螺纹基本尺寸表得：$D_1 = 42.835 \text{mm}$。

任务实施

一、制定内螺纹零件加工工作流程

①零件图工艺分析。
②确定装夹方案和定位基准。
③选择刀具及切削用量。
④确定加工顺序及进给路线。
⑤计算坐标点。
⑥确定编程路线及过程。
⑦编写数控加工程序。
⑧领用工具。
⑨打开机床电源。
⑩返回机床参考点。
⑪手动进行 X、Z 轴的移动。
⑫装夹工件毛坯。
⑬装夹刀具并校正。
⑭对车刀进行对刀。
⑮输入程序并进行编辑、修改。

任务7　内螺纹的编程与加工

⑯零件首件试切。
⑰检测零件及校正刀偏值。
⑱切断机床电源。
⑲检查与评价。

二、内螺纹零件加工工作条件准备

①机床设备：GSK980TD 系统或 GSK928TA 系统数控车床数台。
②刀具类：钻头、外圆车刀、内孔车刀、切槽刀和内螺纹车刀等。
③量具类：游标卡尺、外径千分尺和百分表等。
④工艺装备类：各类扳手及通用夹紧元件等。
⑤手册类：各类刀具手册、数控系统手册、相关机床操作手册和工艺手册等。
⑥模拟软件类：上海宇龙仿真模拟软件和南京宇航仿真模拟软件等。
⑦辅助工具：通用计算机。
⑧工件材料：45 钢棒料。

三、内螺纹零件加工工艺分析与程序编写

1. 加工工艺分析

如图 3.35 所示，加工对象为通孔内三角螺纹，规格 M27×2，长度 25 mm，外圆不需加工，螺纹精度为一般要求，材料 45 钢，毛坯为 $\phi 45mm \times 35mm$。

加工难点：主要是高速车削时由于刀杆刚性不足引起振动而影响牙型表面质量。

2. 确定加工工艺方案

(1) 内螺纹有关尺寸计算

内螺纹小径：
$$D_1 = D - 1.08P = 27 - 1.08 \times 2 = 24.84 \text{ (mm)}$$

车削底孔直径：D_1 可车至 $\phi 24.9 \sim \phi 25$。

螺纹直径值总切削量为 $A = D - D_1$，取 $D_1 = 24.9mm$，则：
$$A = 27 - 24.9 = 2.1 \text{ (mm)}$$

考虑配合间隙，取 $A = 2.3mm$。

(2) 进刀次数

考虑"让刀"因素，每次进刀不能太深，拟分 8 刀完成，即：0.6mm、0.5mm、0.4mm、0.3mm、0.15mm、0.15mm、0.1mm、0.1mm。

(3) 加工工艺路线

①钻通孔 $\phi 24mm$。
②手动车平一端端面，倒钝外圆锐角，孔口倒角 $C2$。
③调头装夹，用手动车端面，取总长 30mm，外圆锐角倒钝。
④用 G71 指令循环车削内孔，孔口倒角 $C1.5$。
⑤用 G92 指令循环车削内螺纹。
⑥确定刀具：T0101——内孔刀，刀头材料 YT15；T0303——60°内螺纹刀，刀头材料 YT15。

⑦建立工件坐标系：以右端面旋转中心为坐标原点建立 ZX 坐标系。

3. 编写数控加工编程

使用 GSK980TD 数控系统编写的内螺纹数控加工程序见表 3.8。

表 3.8　内螺纹零件加工程序

程序内容	注释
O0305	程序名
N10 G00 X100 Z100;	快速将车刀退至安全换刀点
N20 T0101 M03 S450;	换 1 号刀，执行 1 号刀补
N30 G00 X24 Z1.5;	快速定位至（X24、Z1.5）
N40 G71 U0.5 R1 F60;	循环车削内孔
N50 G71 P0060 Q0090 U−0.2 W0;	
N60 G00 X30;	
N70 G01 X25 Z−1.5 F40;	
N80 Z−31;	
N90 X24;	
N100 G70 P0060 Q0090;	
N110 G00 X100 Z100;	
N120 T0303 M03 S40;	换 3 号刀，执行 3 号刀补
N130 G00 X23 Z1.5;	
N140 G92 X25.5 Z−39 F2;	车削内螺纹
N150 X26;	
N160 X26.4;	
N170 X26.7;	
N180 X26.85;	
N190 X27.10;	
N200 X27.1;	
N210 X27.2;	
N220 G00 X100 Z100;	车刀快速退至安全换刀点（X100，Z100）
N230 M05;	
N240 M30;	程序结束

四、内螺纹零件加工

1. 领用工具

领用数控车削加工零件的工、刃、量具清单,见表3.9。

表3.9 数控车削加工零件的工、刃、量具清单

序号	名称	规格	数量	备注
1	游标卡尺	0~150mm/0.02mm	1	
2	螺纹塞规	M27×2	1	
3	麻花钻	ϕ24mm	1	
4	合金外圆(端面)车刀	刀尖角80°,主偏角95°,副偏角5°	1	
5	合金内孔车刀	刀尖角80°	1	
6	内螺纹车刀	刀尖角60°	1	
7	材料	ϕ45mm×35mm的45钢棒材	1	
8	其他	铜棒、铜皮、毛刷等常用工具;计算机、计算器、编程用书等		选用

2. 内螺纹零件加工步骤

①打开机床电源,返回机床参考点。
②装夹工件毛坯并校正。
③装夹刀具并校正。
④依次对刀并设置刀偏值。
⑤程序的输入、编辑和修改。
⑥程序调试(图形模拟加工)。
⑦启动程序,自动加工。
⑧用M27×2螺纹塞规检验螺纹。
⑨切断机床电源。

五、检查评估

①检查车床运行、程序运行和刀具切削情况,找出工件加工质量产生问题的原因,提出解决方法,并做好现场记录。
②评估整个加工过程,检查是否有需要改进的工艺步骤和操作方法。
③评价团队成员在工作过程中表现出的知识技能、安全文明操作与维护意识、环保意识、协作能力及语言表达能力等。

填写检查与评价表(见表3.10)。

表 3.10 检查与评价

项目内容	产生的问题	原因分析	解决措施	自我评价	团队或教师评价
车床运行情况					
程序运行情况					
刀具切削情况					
工件加工质量					
团队协作精神					
安全文明操作					
纪律表现					

说明：工件加工质量的评价等级分三等：合格、次品、废品。

本任务的目的是通过圆螺母零件的编程与车削加工，让学员学会内螺纹的加工编程方法、各种内螺纹车削指令的应用，掌握各种内螺纹车刀的选用与刃磨方法，明确加工工作过程的注意事项和实施方法，并在此基础上通过相关零件的车削，进一步提高编程与加工操作的熟练程度。

知识拓展

1. 粗牙螺纹攻丝前钻孔用麻花钻直径（见表 3.11）

表 3.11 粗牙螺纹攻丝前钻孔用麻花钻直径（JB/Z 228—1985） mm

螺纹直径	钻孔用钻头直径	螺纹直径	钻孔用钻头直径	螺纹直径	钻孔用钻头直径
6	5	16	14	27	24
8	6.8	18	15.5	30	26.5
10	8.5	20	17.5	36	32
12	10.2	22	19.5	42	37.5
14	12	24	21	48	43

2. 常用公制螺纹钻孔底径表（见表 3.12）

表 3.12 常用公制螺纹钻孔底径 mm

螺纹规格	钻头直径	孔径
M1×0.25	0.75	0.729~0.785
M1.4×0.3	1.1	1.075~1.142
M1.7×0.35	1.35	1.321~1.421
M2×0.4	1.6	1.567~1.679

续表

螺纹规格	钻头直径	孔径
M2.3×0.4	1.9	1.867~1.979
M2.5×0.45	2.1	2.013~2.138
M3×0.5	2.4	2.48~2.59
M3.5×0.6	2.9	2.850~3.010
M4×0.7	3.25	3.106~3.326
M4×0.75	3.3	3.242~3.422
M5×0.9	4.1	3.930~4.170
M5×0.8	4.2	4.134~4.334
M6×1	5	4.917~5.153
M7×1	6	5.917~6.153
M8×1.25	6.8	6.647~6.912
M8×1	7	6.917~7.153
M10×1.5	8.5	8.376~8.676
M10×1.25	8.8	8.647~8.912
M10×1	9	8.917~9.153
M12×1.75	10.3	10.106~10.441
M12×1.5	10.5	10.376~10.676
M12×1.25	10.8	10.647~10.912
M12×1	11	10.917~11.153
M14×2	12	11.835~12.210
M14×1.5	12.5	12.376~12.676
M16×2	14	13.835~14.210
M16×1.5	14.5	14.376~14.676
M18×2.5	15.5	15.294~15.744
M18×1.5	16.5	16.376~16.676
M20×2.5	17.5	17.294~17.744
M20×1.5	18.5	18.376~18.676
M22×2.5	19.5	19.294~19.744
M24×3	21	20.752~21.252
M27×3	24	23.752~24.252
M30×3.5	26.5	26.211~26.771

习题训练

1. 内螺纹车刀有哪几种类型？如何正确安装内螺纹车刀？
2. 车削内螺纹，当加工材料分别为铸铁和钢件时，孔径的计算公式有何不同？
3. 完成如图3.38所示圆螺母的加工程序编制及车削加工任务，毛坯材料采用45钢，规格为$\phi 45\text{mm} \times 30\text{mm}$。

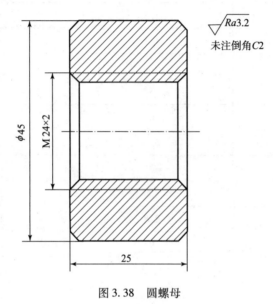

图 3.38　圆螺母

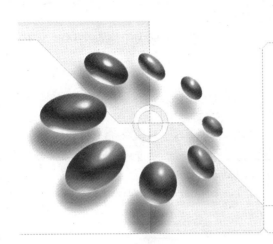

学习情境四 配合件的数控编程与加工

任务 8　圆锥配合件的编程与加工

圆锥轴套配合是最常见的配合方式之一，本任务就是要求在数控车床上完成如图 4.1 所示的轴套加工和如图 4.2 所示的圆锥轴加工，然后完成两者的装配，装配图如图 4.3 所示。

一、圆柱和圆锥切削循环指令 G90

本任务选用广州数控 GSK980T 进行加工，圆柱和圆锥切削循环指令格式为：
①圆柱面切削循环指令格式：
G90　X(U)～　Z(W)～　F～；
②圆锥面切削循环指令格式：
G90　X(U)～　Z(W)～　I～　F～；

功能：进行外圆和内孔直线加工及圆锥面加工循环，可以简化编程。

程序中，X，Z——切削终点坐标；

U，W——切削终点相对于循环起点坐标值的增量；

I——工件加工锥面大小端直径差的1/2，当锥面的起点坐标大于终点坐标时为正，反之为负；

F——切削进给速度。

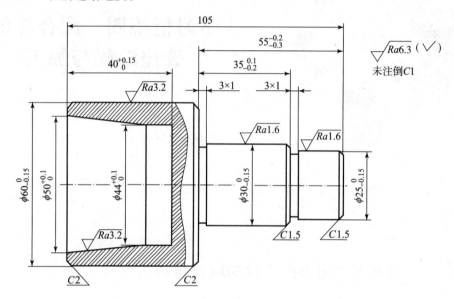

图 4.1　轴套

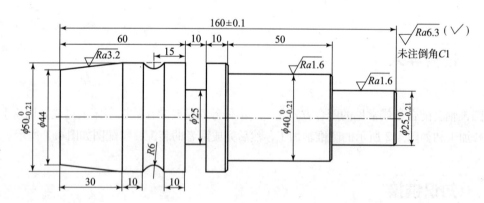

图 4.2　圆锥轴

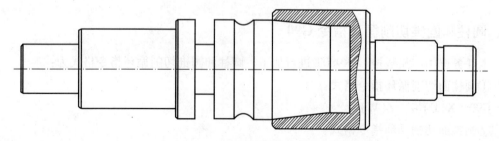

图 4.3　圆锥轴套配合

任务 8　圆锥配合件的编程与加工

刀具从循环起点开始按矩形循环，如图 4.4 所示，其加工顺序按 1、2、3、4 进行，最后又回到循环起点。如图 4.4 所示中实线表示按 R 快速移动，点画线表示按 F 指定的工件进给速度移动。

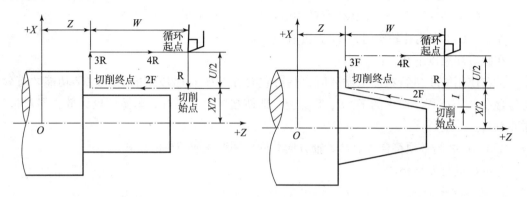

图 4.4　圆柱和圆锥切削循环示意图

注意事项如下：

①使用循环切削指令，刀具必须先定位至循环起点，再执行循环切削指令，且完成一循环切削后，刀具仍回到此循环起点。

②G90 是模态指令。一旦规定，以下程序段一直有效，在完成固定切削循环后，用另一个 G 代码来取消。格式中的 I（或 R）值在圆柱切削时是不用的，在圆锥切削时才用。

二、常用粗加工循环指令 G71/ G73

常用的粗加工循环进给路线如图 4.5 所示。

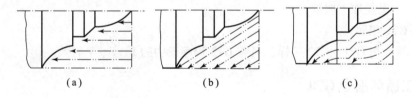

图 4.5　循环路线及走刀对应指令图
(a) G71（平行于水平轴）；(b) G01（用直线靠近轮廓）；(c) G73（仿轮廓进行切削）

1. 轴向外圆粗车复合循环 G71

指令格式：

G71 U(Δd)R(e);

G71 P(ns)Q(nf)U(Δu)W(Δw)F(f)S(s)T(t)

功能：用于圆柱棒料粗车阶梯轴的外圆或内孔需切除较多余量时的情况。

切削方向为：首先沿平行于 Z 轴方向，最后一刀沿精加工路线即零件轮廓。

程序中，ns——指定精加工路线的第一个程序段号；

　　　　　nf——指定精加工路线的最后一个程序段号；

　　　　　Δu——X 轴方向上的精加工余量（距离和方向）（直径值）；

　　　　　Δw——Z 轴方向上的精加工余量（距离和方向）；

Δd——切削深度（半径值，不指定正负号）；

e——退刀量（半径值，不指定正负号）；

F——进给速度；

f, s, t——F、S、T 代码所赋的值。

注意：G71 车内孔轮廓时，Δu 为负值。

在此应注意以下几点：

①在使用 G71 进行粗加工循环时，只有包含在 G71 程序段中的 F、S、T 功能才有效；而包含在 ns→nf 程序段中的 F、S、T 功能，即使被指定，其对粗车循环也无效，但对精车循环有效。

②A→B 之间必须符合 X 轴、Z 轴方向共同单调增大或减少的模式。

③可以进行刀具补偿。

2. 仿形粗车循环 G73

这种方式对于铸造或锻造毛坯的切削是一种效率很高的方法。

所谓仿形切削循环就是按照一定的切削形状逐渐地接近最终形状。

G73 循环方式：运动轨迹始终平行于最终轮廓，同时考虑到每次的吃刀量，在一开始离开最终轮廓的距离应该远一些。

指令格式：

G73　U(Δi)　W(Δk)　R(d)；

G73　P(ns)　Q(nf)　U(Δu)　W(Δw)　F(f)　S(s)　T(t)；

程序中，Δi——X 轴上总退刀量（半径值），（毛坯直径 – 加工尺寸最小值）／2；

　　　　Δk——Z 轴上的总退刀量，一般设定为 0；

　　　　d——重复加工次数。

其余与 G71 相同。

用 G73 时，与 G71、G72 一样，只有 G73 程序段中的 F、S、T 有效。

三、精加工循环指令 G70

指令格式：

G70 P(ns)Q(nf)F(f)；

程序中，ns——开始精车程序段号；

　　　　nf——完成精车程序段号。

功能：由 G71、G72 完成粗加工后，可以用 G70 进行精加工。

切削 G71、G72、G73 循环留下的余量，使工件达到编程路径所要求的尺寸。

注意事项如下：

①必须使用 G71、G72 或 G73 指令后，才可使用 G70 指令。

②G70 指令指定 ns→nf 间精车的程序段中，不能调用子程序。

③ns→nf 间的精车程序段所指令的 F 及 S 在执行 G70 精车时使用，即 G71、G72、G73 程序段中 F、S、T 的指令都在 G70 精车中无效，只有在 ns→nf 程序段中的 F、S、T 才对 G70 有效。

任务 8　圆锥配合件的编程与加工

任务实施

一、制定圆锥配合件零件加工工作流程

①零件图工艺分析。
②确定装夹方案和定位基准。
③选择刀具及切削用量。
④确定加工顺序及进给路线。
⑤计算坐标点。
⑥确定编程路线及过程。
⑦编写数控加工程序。
⑧领用工具。
⑨打开机床电源。
⑩返回机床参考点。
⑪手动进行 X、Z 轴的移动。
⑫装夹工件毛坯。
⑬装夹刀具并校正。
⑭对车刀进行对刀。
⑮输入程序并进行编辑、修改。
⑯零件首件试切。
⑰检测零件及校正刀偏值。
⑱切断机床电源。
⑲检查与评价。

二、圆锥配合件零件加工工作条件准备

①机床设备：GSK980TD 系统数控车床数台。
②刀具类：外圆精车刀、内圆粗车刀、内圆精车刀、切槽刀、中心钻和钻头。
③量具类：游标卡尺、深度卡尺、内径百分表、外径千分尺和百分表等。
④工艺装备类：各类扳手及通用夹紧元件等。
⑤手册类：各类刀具手册、数控系统手册、相关机床操作手册和工艺手册等。
⑥模拟软件类：上海宇龙仿真模拟软件和南京宇航仿真模拟软件等。
⑦辅助工具：通用计算机。
⑧工件材料：45 钢棒料。

三、圆锥配合件工艺分析与程序编写

1. 工件分析及加工设备的确定

轴套零件（见图 4.1）总长度 105mm，最大回转直径 60mm，有多个台阶及退刀槽，且

有1:10配合圆锥轴的锥孔。表面粗糙度：两处为 Ra 1.6μm，两处为 Ra 3.2um，其余为 Ra 6.3μm。轴套需要加工的表面有：ϕ60mm、ϕ30mm、ϕ25mm；锥度为1:10的锥度孔；两处3mm×1mm的退刀槽。

圆锥轴零件（见图4.2）总长160mm，最大外径50mm，工件有一处10mm×12.5mm的槽，一处大端 d = 50mm、小端 d = 44mm且锥度为1:10、长度为30mm的锥形轴。表面粗糙度：两处为 Ra 1.6μm，两处为 Ra 3.2μm，其余为 Ra 6.3μm。圆锥轴需要加工的表面有：ϕ50mm、ϕ44mm、ϕ40mm、2 - ϕ25mm、1:10锥度轴。

轴套与圆锥轴之间的配合为典型的圆锥轴套配合（为间隙配合），其装配总长要求为205mm，其中相互配合的锥轴之间的配合间隙要求在0.1mm以下，加工难度较大，为了保证零件间相互配合的精度，必须要有严格的尺寸要求，加工顺序应该先加工套，然后以此为基准来加工轴。

本任务根据实际的机床设备和零件的加工要求，选用广州数控GKS980T型数控车床。

2. 零件材料和毛坯的选用

根据实际情况和加工零件的具体要求，选用零件的材料为45钢，45钢为优质碳素结构钢，是轴类零件的常用材料，其价格便宜，经过调质（或正火）后可得到较好的切削性能，而且能获得较高的强度和韧性等综合机械性能，淬火后表面硬度可达45～52HRC。

毛坯的选择：轴套毛坯为 ϕ65mm×110mm的棒料，工件2的毛坯为 ϕ55mm×165mm的棒料。

3. 工件公差等级及加工方式分析

公差的等级是指确定尺寸精确度的等级，不同的零件和零件上不同部位的尺寸对精度要求不同，所以确定零件的公差等级对后期的工艺与加工处理有十分重要的意义。

（1）轴套公差等级与加工方式

轴套公差等级及加工方式见表4.1。

表4.1 轴套公差等级及加工方式

基本尺寸/mm	上偏差/mm	下偏差/mm	公差等级	加工方式
ϕ60	0	-0.15	IT10	半精加工
ϕ60	0	-0.15	IT10	半精加工
55	-0.2	-0.3	IT13	半精加工
ϕ50	0.1	0	IT10	半精加工
ϕ44	0.1	0	IT10	半精加工
40	0.15	0	IT11	半精加工
ϕ30	0	-0.021	IT7	精加工
ϕ25	0	-0.1	IT11	半精加工

（2）圆锥轴公差等级与加工方式

圆锥轴公差等级及加工方式见表4.2。

任务8 圆锥配合件的编程与加工

表 4.2 圆锥轴公差等级及加工方式

基本尺寸/mm	上偏差/mm	下偏差/mm	公差等级	加工方式
160	0.1	-0.1	IT10	半精加工
φ50	0	-0.021	IT7	精加工
φ40	0	-0.021	IT7	精加工
φ25	0	-0.021	IT7	精加工

4. 轴套工艺方案

（1）确定工艺方案

采用三爪卡盘夹持 φ65mm 外圆，棒料伸出卡盘外约 65mm，先加工左端外圆轮廓。然后掉头，棒料伸出约 65mm，加工右端外圆轮廓和内圆锥孔和内阶孔。

（2）工艺路线的设计

①用外圆精车刀进行轮廓的粗车和精车，采用轮廓粗车循环指令 G71 和精车循环指令 G70 进行编程。

②用内圆粗车刀进行内锥度孔的粗加工，采用轮廓粗车循环指令 G71 进行编程。

③用内圆精车刀进行内锥度孔的精加工，采用精车循环指令 G70 进行编程。

④用切槽刀进行 3mm×1mm 退刀槽的加工。

（3）切削用量

粗车轮廓时车削深度为 1mm，退刀量为 0.5mm，进给量为 1mm/r，主轴转速为 800r/min；精车轮廓和内孔时进给量为 0.15mm/r，主轴转速为 1 200r/mm。粗车完毕后，X 向单边精车余量为 0.2mm，Z 向单边精车余量为 0.2mm；车槽时进给量为 0.15mm/r，主轴转速为 600r/mm，车刀进入槽底部进给暂停 2s。

（4）工件原点

以装夹零件右端面与回转轴线交点为工件原点。

5. 圆锥轴工艺方案

（1）确定工艺方案

采用三爪卡盘夹持 φ55mm 外圆，棒料伸出卡盘外约 110mm，先加工右端外圆轮廓。然后掉头，棒料伸出约 70mm，加工右端外圆轮廓。

（2）工艺路线的设计

①用外圆粗车刀进行轮廓的粗车，采用轮廓粗车循环指令 G71 进行编程。

②用外圆精车刀进行轮廓的精车，采用轮廓精车循环指令 G70 进行编程。

③用切槽刀进行 10mm×φ12.5mm 槽的加工。

（3）切削用量

粗车轮廓时车削深度为 1mm，退刀量为 0.5mm，进给量为 1mm/r，主轴转速为 800r/min；精车轮廓时进给量为 0.15mm/r，主轴转速为 1 200r/mm。粗车完毕后，X 向单边精车余量为 0.2mm，Z 向单边精车余量为 0.2mm；车槽时进给量为 0.15mm/r，主轴转速为 600r/mm，车刀进入槽底部进给暂停 2s。

(4) 工件原点

以装夹零件右端面与回转轴线交点为工件原点。

6. 编写数控加工程序

①轴套右端面轮廓加工程序见表 4.3，右端面轮廓加工程序见表 4.4。

表 4.3 轴套右端面轮廓加工程序

零件图号	4.1	零件名称	轴套	编制日期	
程 序 名	O0401	数控系统	广州数控	编制	
程序内容			注释		
G00 X100 Z100；			快速移动到换刀点		
T0101；			调 90°粗右偏外圆刀		
M03 S800；			主轴正转，转速为 800 r/min		
G00 X65 Z5；			快速至平循环的起始点		
G71 U1 R0.5；			G71 粗车循环指令应用		
G71 P100 Q200 U0.2 W0.2 F120；					
N100 G00 X22；			循环起始程序段		
G01 Z0 F80；			以下为粗车循环外轮廓		
X25 Z－1.5；					
Z－20；					
X27；					
X30 W－1.5；					
Z－55；					
X56；					
X60 W－2；					
N200 Z－60；					
M3 S1200；					
G70 P100 Q200 F80；					
G00 X100；					
Z100；					
T0404；			换刀		
G00 X35 Z－20；					
G01 X23 G04 X2 F0.15；					
G01 X40；					
G00 Z－55；					
G01 X28；					

任务8 圆锥配合件的编程与加工

续表

程序内容	注释
G04 X2;	暂停 2s
G01 X32;	
G00 X100;	退刀
Z100;	
M05;	
M30;	程序结束回到起始点

表 4.4 轴套左端面轮廓加工程序

零件图号	4.1	零件名称	轴套	编制日期	
程 序 名	O0402	数控系统	广州数控	编制	

程序内容	注释
G00 X100 Z100;	快速移动到换刀点
T0101;	调 90°粗右偏外圆刀
M03 S800;	主轴正转,转速为 800 r/min
G00 X65 Z5;	快速至平循环的起始点
G71 U1 R0.5;	G71 粗车循环指令应用
G71 P100 Q200 U0.2 W0.2 F100;	
N100 G00 X56;	循环起始程序段
G01 Z0 F80;	以下为粗车循环外轮廓
X60 Z-2;	
Z-60;	
G00 X100;	
Z100;	
T0202;	换刀
G00 X55 Z5;	
G73 U6 W0 R0.0012;	G73 循环指令使用
G73 P100 Q200 U0.2 W0.2 F150;	
N100 G00 X50;	
G01 Z0 F80;	
X44 Z-30;	
Z-40;	
N200 Z100;	
X100;	

续表

程序内容	注释
T0303；	
G70 P100 Q200；	
G00 Z100；	退刀
X100；	
M05；	
M30；	程序结束回到起始点

②圆锥轴右端面轮廓加工程序见表4.5，左端面轮廓加工程序见表4.6。

表4.5 圆锥轴右端面轮廓加工程序

零件图号	4.2	零件名称	圆锥轴	编制日期	
程 序 名	O0403	数控系统	广州数控	编制	

程序内容	注释
G00 X100 Z100；	快速移动到换刀点
T0101；	调90°粗右偏外圆刀
M03 S800；	主轴正转，转速为800 r/min
G00 X55 Z5；	快速至平循环的起始点
G71 U1 R0.5；	G71粗车循环指令应用
G71 P100 Q200 U0.2 W0.2 F100；	
N100 G00 X23；	循环起始程序段
G01 Z0 F80 S1200；	以下为粗车循环外轮廓
X25 Z-1；	
Z-30；	
X38；	
X40 W-1；	
Z-80；	
X48；	
X50 W-1；	
N200 Z-100；	
G00 X100；	
Z100；	
T0202；	
G70 P100 Q200；	精车指令

任务 8 圆锥配合件的编程与加工

续表

程序内容	注释
G00 X100;	
Z100;	
T0303;	换刀
G0 X60 Z−100;	
X25 F80;	
G04 X2;	暂停 2s
G00 X100;	退刀
Z100;	
M05;	
M30;	程序结束回到起始点

表 4.6 圆锥轴左端面轮廓加工程序

零件图号	4.2	零件名称	圆锥轴	编制日期	
程 序 名	O4004	数控系统	广州数控	编制	
程序内容			注释		
G00 X100 Z100;			快速移动到换刀点		
T0101;			调 90°粗右偏外圆刀		
M03 S800;			主轴正转,转速为 800 r/min		
G00 X55 Z5;			快速至平循环的起始点		
G71 U1 R0.5;			G71 粗车循环指令应用		
G71 P100 Q200 U0.2 W0.2 F100;					
N100 G00 X44;			循环起始程序段		
G01 Z0 F80 S1200;			以下为粗车循环外轮廓		
X50 Z−30;					
Z−40;					
G02 X50 Z−50 R8;					
N200 G01 Z−60;					
G00 X100;					

续表

程序内容	注释
Z100；	
T0202；	
G70 P100 Q200 F150；	精车指令
G00 X100；	
Z100；	
M05；	
M30；	程序结束回到起始点

四、圆锥配合件加工

1. 领用工具

（1）轴套加工选用的刀具（见表4.7）

表 4.7 轴套加工选用的刀具

刀号	刀具类型	备注
1	外圆精车刀，刀尖角为35°	用于右端和左端外圆的粗、精加工
2	内圆粗车刀，刀尖半径为R0.5mm	用于左端锥孔和内阶孔的粗加工
3	内圆精车刀，刀尖半径为R0.2mm	用于左端锥孔和内阶孔的精加工
4	切槽刀，刀宽为3mm	用于加工两处3mm×1mm的退刀槽
5	中心钻	钻制定位中心孔
6	ϕ40 钻头	预钻ϕ40mm、深度为40mm的内孔

（2）圆锥轴加工选用的刀具（见表4.8）

表 4.8 圆锥轴加工选用的刀具

刀号	刀具类型	备注
1	外圆粗车刀，刀尖角为55°	用于右端外圆与左端锥度轴和外圆粗加工
2	外圆精车刀，刀尖角为35°	用于右端外圆与左端锥度轴和外圆精加工
3	切槽刀，刀宽为10mm	用于加工10mm×ϕ12.5mm的槽

2. 刀具安装

（1）装刀规则

①车刀刀杆不能伸出刀架过长。

②车刀的垫片要平整，数量要少。

③车刀刀尖高度要适当。

任务8　圆锥配合件的编程与加工

a. 车端面、锥面、成形面时，刀尖应与工件轴线等高。

b. 粗车外圆时，刀尖一般比工件轴线稍高。

c. 精车细长轴时，刀尖一般比工件轴线稍低。

④车刀刀杆装刀方向要正确。

车刀刀杆中心线应与走刀方向垂直，否则会影响车刀工作主、副偏角。

（2）外圆车刀刀尖与工件中心线等高的装刀方法

①根据尾座顶尖的高度装刀，使外圆车刀刀尖与尾座顶尖的高度等高。

②把车刀靠近工件端面，用目测法估计车刀的高低，然后紧固车刀试车端面，再根据工件端面的中心装准车刀。

③根据车床主轴中心高度，用钢直尺测量方法装刀。

（3）紧固方法

车刀装上后，要紧固刀架螺钉。紧固时要轮流拧紧螺钉，一定要使用专用扳手，不允许加套管等加力工具，以免螺钉受力过大而损坏。

3. 程序录入（广州数控GSK980T）

通过操作面板，将编写好的加工程序输入到数控机床数控系统中。

（1）操作面板介绍

广州数控GSK980T操作面板如图4.6所示。

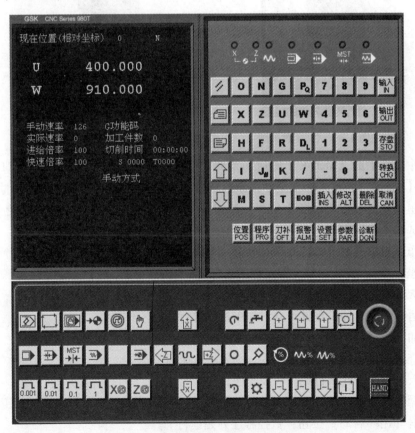

图4.6　广州数控GSK980T操作面板

(2)程序录入步骤

①将模式旋钮旋至"EDIT";

②按下【PROG】键;

③输入程序名,以"O"开头,后为四位数字,按【EOB】或按【INSERT】键;

④在输入行,根据程序内容,按下相应的按键,分号为"EOB";

⑤一段程序录入之后,按下【INSERT】键。

4. 对刀

采用试切对刀方法建立加工坐标系,为零件加工做准备。

试切法对刀是用所选的刀具试切零件的外圆和端面,并经过测量和计算得到零件端面中心点的坐标值。

将操作面板中的【MODE】旋钮切换到"JOG"上。单击"MDI"键盘的按钮【POS】,此时 CRT 界面上显示坐标值。

单击主轴正转按钮,使主轴转动,将【AXIS】旋钮置于"Z"挡,在手动方式或手轮方式下沿负向移动,用所选刀具试切工件外圆,如图4.7所示。正向移动刀架,将刀具退至如图4.8所示位置,使主轴停止转动,测量出所车削工件的外圆直径。

图 4.7 试切工件外圆　　　　图 4.8 测量外圆直径

将操作面板中的【MODE】旋钮切换到"MDI"模式,按下【OFFSET SETTING】键,按下软键【坐标系】,将光标移至要选择的坐标系,输入"X",按下软键【测量】。单击主轴正转按钮,使主轴转动,将【AXIS】旋钮置于"X"挡,在手动方式或手轮方式下沿负向移动,试切工件端面。

将操作面板中【MODE】旋钮切换到"MDI"模式,按下【OFFSET SETTING】键,按下软键【坐标系】,将光标移至要选择的坐标系,输入"Z",按下软键【测量】。

5. 自动加工

自动运行程序,加工零件,并对加工过程进行监控。

自动加工流程:

①检查机床是否回零。若未回零,则先将机床回零。

②导入数控程序或自行编写一段程序。

③将操作面板中【MODE SELECT】旋钮切换到"AUTO"上,进入自动加工模式。

④单击【循环启动】按钮,数控程序开始运行。

任务 8　圆锥配合件的编程与加工

五、检查评估

加工完成后，依据考核评分标准（见表 4.9）对工件进行检测，并对工件加工合格与否做出判定，通过目测看表面粗糙度是否达标，通过两个件的互相配合情况看圆锥处是否配合良好。

表 4.9　考核评分标准

	考核项目	考核内容	比例/%	实测	检验员	评分	总分
1	加工工艺方案	刀具的选择	10				
		切削参数					
		装夹方式					
2	编程程序	程序合理性，正确指令应用的运用	20				
3	外观尺寸	项目图纸对照	70				

知识拓展

1. 夹具的选用

数控加工对夹具主要有两大要求：一是夹具应具有足够的精度和刚度；二是夹具应有可靠的定位基准。选用夹具时，通常考虑以下几点：

①尽量选用可调整夹具、组合夹具及其他通用夹具，避免采用专用夹具，以缩短生产准备时间。

②在成批生产时才考虑采用专用夹具，并力求结构简单。

③装卸工件要迅速方便，以减少机床的停机时间。

④夹具在机床上安装要准确可靠，以保证工件在正确的位置加工。

本任务加工时选择使用三爪卡盘安装工件，因为三爪卡盘为数控车床的通用卡具，其最大的优点是可以自动定心，夹持范围大。根据图 4.1 和图 4.2 可知，所加工的零件为典型轴类零件中的圆锥套筒配合件，由于锥度孔与锥度轴之间的配合要求较高，故对零件的同轴度要求也较高。

2. 刀具的选择

刀具选择总的原则是：安装调整方便，刚性好，耐用度和精度高。在数控加工中刀具的选用直接关系到加工精度的高低、加工表面质量的优劣和加工效率的高低。数控加工刀具必须适应数控机床高速、高效和自动化程度高的特点。与普通机床相比，数控加工对刀具提出了更高的要求，不仅要求刚性好、精度高，而且要求尺寸稳定、耐用度高、断屑和排屑性能好，同时要求安装调整方便，满足数控机床的高效率。

3. 切削用量的确定

数控编程时，编程人员必须确定每道工序的切削用量，并以指令的形式写入程序中。切削用量包括主轴转速、背吃刀量及进给速度等，对于不同的加工方法，需要选用不同的切削用量。切削用量的选择原则是：保证零件加工精度和表面粗糙度，充分发挥刀具切削性能，保证合理的刀具耐用度；充分发挥机床的性能，最大限度地提高生产率，降低成本。

（1）主轴转速的确定

主轴转速应根据允许的切削速度和工件（或刀具）直径来选择。其计算公式为

$$n = 1\,000 \cdot v/(\pi d)$$

式中，v——切削速度，由刀具的耐用度决定，m/min；

n——主轴转速，r/min；

d——工件直径或刀具直径，mm。

计算的主轴转速 n 最后要根据机床说明书选取机床有的或较接近的转速。

（2）进给速度的确定

进给速度是数控机床切削用量中的重要参数，主要根据零件的加工精度和表面粗糙度要求以及刀具、工件的材料性质选取。最大进给速度受机床刚度和进给系统的性能限制。

确定进给速度的原则：

①当工件的质量要求能够得到保证时，为提高生产效率，可选择较高的进给速度，一般取 100~200mm/min。

②在切断、加工深孔或用高速钢刀具加工时，宜选择较低的进给速度，一般取 20~50mm/min。

③当加工精度、表面粗糙度要求高时，进给速度应选小些，一般取 20~50mm/min。

④刀具空行程时，特别是远距离"回零"时，可以设定该机床数控系统设定的最高进给速度。

（3）背吃刀量确定

背吃刀量根据机床、工件和刀具的刚度来决定，在刚度允许的条件下，应尽可能使背吃刀量等于工件的加工余量，这样可以减少走刀次数、提高生产效率。为了保证加工表面质量，可留少量精加工余量，一般为 0.2~0.5mm。

总之，切削用量的具体数值应根据机床性能及相关的手册并结合实际经验用类比方法确定。同时，应使主轴转速、切削深度及进给速度三者能相互适应，以形成最佳切削用量。

习题训练

编制如图 4.9 及图 4.10 所示零件的数控加工工艺及程序，并上机操作加工。要求如下：

①计算出图中标出的各节点坐标值。

②列出所用的刀具并确定切削参数。

③编制加工程序。

④完成工件加工和装配。

任务9　螺纹配合件的编程与加工

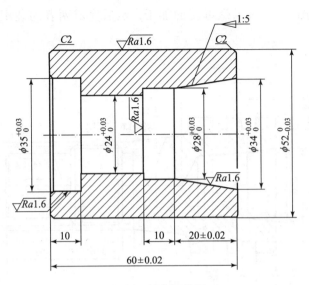

图 4.9　轴套零件图

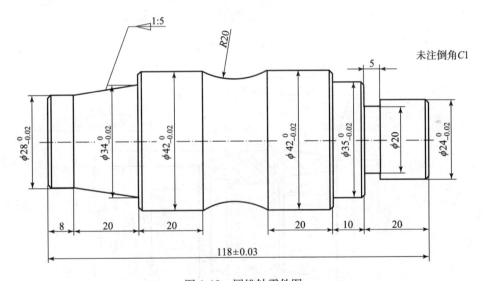

图 4.10　圆锥轴零件图

任务9　螺纹配合件的编程与加工

螺纹配合是最常见的配合方式之一，本任务就是要求在数控车床上完成如图 4.11 所示

螺纹轴的加工和如图 4.12 所示螺母套的加工,然后完成两者的装配,装配图如图 4.13 所示。

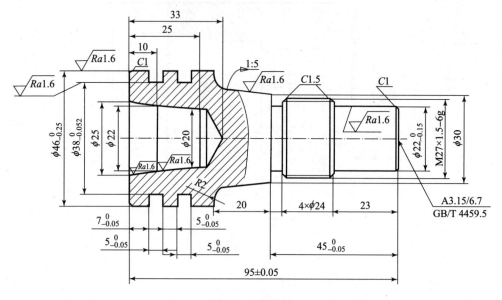

图 4.11 螺纹轴

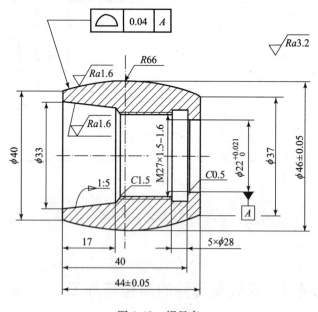

图 4.12 螺母套

螺纹轴及螺母套材料均为 45 钢,要求螺纹配合良好,螺纹轴毛坯为 $\phi 50\text{mm} \times 97\text{mm}$,螺母套毛坯为 $\phi 50\text{mm} \times 46\text{mm}$。

任务 9　螺纹配合件的编程与加工

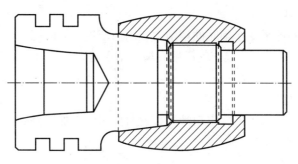

图 4.13　螺纹配合件

知识链接

车削螺纹时常见故障及解决方法。

配合件加工时，因为要考虑配合精度及加工效率，故工步顺序和工序顺序的安排非常重要，应在保证加工精度和配合精度的基础上，减少工件安装次数。内、外螺纹的配合，在加工螺纹底径时要严格控制公差，以保证螺纹配合间隙合理。从加工过程中分析车削螺纹时容易出现的问题及解决办法如下：

螺纹是在圆柱工件表面上沿着螺旋线所形成的具有相同剖面的连续凸起和沟槽。在机械制造业中，带螺纹的零件应用得十分广泛。用车削的方法加工螺纹，是目前常用的加工方法。在卧式车床（如 CA6140）上能车削米制、英寸制、模数和径节制四种标准螺纹，无论车削哪一种螺纹，车床主轴与刀具之间均必须保持严格的运动关系：即主轴每转一转（即工件转一转），刀具应均匀地移动一个（工件的）导程的距离。它们的运动关系是这样保证的：主轴带着工件一起转动，主轴的运动经挂轮传到进给箱；由进给箱经变速后（主要是为了获得各种螺距）再传给丝杠；由丝杠和溜板箱上的开合螺母配合带动刀架做直线移动，这样工件的转动和刀具的移动都是通过主轴的带动来实现的，从而保证了工件和刀具之间严格的运动关系。在实际车削螺纹时，由于各种原因，造成由主轴到刀具之间的运动在某一环节出现问题，引起故障，影响正常生产，这时应及时加以解决。车削螺纹时常见故障及解决方法如下。

1. 啃刀

故障分析及解决方法：

原因是车刀安装得过高或过低，工件装夹不牢或车刀磨损过大。

（1）车刀安装得过高或过低

过高，则吃刀到一定深度时，车刀的后刀面会顶住工件，增大摩擦力，甚至把工件顶弯，造成啃刀现象；过低，则切屑不易排出，车刀径向力的方向是工件中心，加上横进丝杠与螺母间隙过大，致使吃刀深度不断自动趋向加深，从而把工件抬起，出现啃刀。此时应及时调整车刀高度，使其刀尖与工件的轴线等高（可利用尾座顶尖对刀）。在粗车和半精车时，刀尖位置比工件的中心高出 1%D 左右（D 表示被加工工件直径）。

（2）工件装夹不牢

工件本身的刚性不能承受车削时的切削力，因而产生过大的挠度，改变了车刀与工件的中心高度（工件被抬高了），造成切削深度突增，出现啃刀。此时应把工件装夹牢固（可使用尾座顶尖等），以增加工件刚性。

（3）车刀磨损过大

引起切削力增大，顶弯工件，出现啃刀，此时应对车刀加以修磨。

2. 乱扣

故障分析及解决方法：

原因是当丝杠转一转时，工件未转过整数转而造成的。

（1）车床丝杠螺距与工件螺距比值不成整倍数

如果在退刀时，采用打开开合螺母，将床鞍摇至起始位置，那么再次闭合开合螺母时，就会发生车刀刀尖不在前一刀所车出的螺旋槽内的情况，以致出现乱扣。

解决方法是采用正反车法来退刀，即在第一次行程结束时，不提起开合螺母，而是把刀沿径向退出后，将主轴反转，使车刀沿纵向退回，再进行第二次行程，这样往复过程中，因主轴、丝杠和刀架之间的传动没有分离过，车刀始终在原来的螺旋槽中，就不会出现乱扣。

（2）对于车削车床丝杠螺距与工件螺距比值成整倍数的螺纹

工件和丝杠都在旋转，提起开合螺母后，至少要等丝杠转过一转才能重新合上开合螺母，这样当丝杠转过一转时，工件转了整数倍，车刀进入前一刀车出的螺旋槽内，就不会出现乱扣，这样就可以打开开合螺母，进行手动退刀。这样退刀快，有利于提高生产率和保持丝杠精度，同时丝杠也较安全。

3. 螺距不正确

故障分析及解决方法：

（1）螺纹全长上不正确

原因是挂轮搭配不当或进给箱手柄位置不对，可重新检查进给箱手柄位置或验算挂轮。

（2）局部不正确

原因是车床丝杠本身存在螺距局部误差（一般由磨损引起），可更换丝杠或局部修复。

（3）螺纹全长上螺距不均匀

原因如下：

①丝杠的轴向窜动。

②主轴的轴向窜动。

③溜板箱的开合螺母与丝杠不同轴而造成啮合不良。

④溜板箱燕尾导轨磨损而造成开合螺母闭合时不稳定。

⑤挂轮间隙过大等。

解决方法：

①如果是丝杠轴向窜动造成的，可对车床丝杠与进给箱连接处的调整圆螺母进行调整，以消除连接处推力球轴承轴向间隙。

②如果是主轴轴向窜动引起的，可调整主轴后再调整螺母，以消除后推力球轴承的轴向间隙。

任务9　螺纹配合件的编程与加工

③如果是溜板箱的开合螺母与丝杠不同轴而造成啮合不良，则可修整开合螺母并调整开合螺母间隙。

④如果是燕尾导轨磨损，则可配制燕尾导轨及镶条，以达到正确的配合要求。

⑤如果是挂轮间隙过大，可采用重新调整挂轮间隙。

（4）出现竹节纹

原因是从主轴到丝杠之间的齿轮传动有周期性误差，如挂轮箱内、进给箱内的齿轮由于本身制造误差、局部磨损或齿轮在轴上安装偏心等造成旋转中心低，从而引起丝杠旋转周期性不均匀并带动刀具移动的周期性不均匀，最终导致竹节纹的出现，可以修换有误差或磨损的齿轮。

4. 中径不正确

故障分析及解决方法：原因是吃刀太大，刻度盘不准而又未及时测量所造成；解决方法是精车时要详细检查刻度盘是否松动，精车余量要适当，车刀刃口要锋利，要及时测量。

5. 螺纹表面粗糙

故障分析：车刀刃口磨得不光洁、切削液不适当、切削速度和工件材料不适合以及切削过程产生振动等造成的。

解决方法：正确修整砂轮或用油石精研刀具；选择适当切削速度和切削液；调整车床床鞍压板及中、小滑板燕尾导轨的镶条等，保证各导轨间隙的准确性，防止切削时产生振动。

总之，车削螺纹时产生的故障形式多种多样，既有设备的原因，也有刀具、操作者等的原因，在排除故障时要具体情况具体分析，通过各种检测和诊断手段，找出具体的影响因素，并采取有效的解决方法。

任务实施

一、制定螺纹配合件零件加工工作流程

①零件图工艺分析。

②确定装夹方案和定位基准。

③选择刀具及切削用量。

④确定加工顺序及进给路线。

⑤计算坐标点。

⑥确定编程路线及过程。

⑦编写数控加工程序。

⑧领用工具。

⑨打开机床电源。

⑩返回机床参考点。

⑪手动进行 X、Z 轴的移动。

⑫装夹工件毛坯。

⑬装夹刀具并校正。
⑭对车刀进行对刀。
⑮输入程序并进行编辑、修改。
⑯零件首件试切。
⑰检测零件及校正刀偏值。
⑱切断机床电源。
⑲检查与评价。

二、螺纹配合件零件加工工作条件准备

①机床设备：GSK980TD 系统数控车床数台。
②刀具类：93°菱形外圆车刀、60°螺纹刀、外切槽刀、内孔镗刀、60°内螺纹刀和内切槽刀。
③量具类：游标卡尺、深度卡尺、内径百分表、外径千分尺和百分表等。
④工艺装备类：各类扳手及通用夹紧元件等。
⑤手册类：各类刀具手册、数控系统手册、相关机床操作手册和工艺手册等。
⑥模拟软件类：上海宇龙仿真模拟软件和南京宇航仿真模拟软件等。
⑦辅助工具：通用计算机。
⑧工件材料：45 钢棒料。

三、螺纹配合件工艺分析与程序编写

1. 工艺路线分析

工艺路线如下：
①粗、精加工螺纹轴左端外形。
②车 $\phi 38mm \times 5mm$ 两槽。
③用 G71 循环粗加工螺纹轴左端内形，用 G70 精加工螺纹轴左端内形。
④调头校正，手工车端面，保证总长 95mm，钻中心孔，顶上顶尖。
⑤用 G71 循环粗加工螺纹轴右端外形，用 G70 精加工螺纹轴右端外形。
⑥车 $\phi 24mm \times 4mm$ 槽。
⑦用螺纹复合循环加工 $M27 \times 15$ 外螺纹。
⑧用 G71 循环粗加工螺母套内形，用 G70 精加工螺母套内形。
⑨车 $\phi 28mm \times 5mm$ 内槽。
⑩用螺纹复合循环加工 $M27 \times 1.5$ 内螺纹。
⑪将螺母套旋入螺纹轴，粗、精加螺母套外形。

2. 编写数控加工程序

（1）螺纹轴左端轮廓加工程序

先用直径 18mm 钻头在螺纹轴左端钻孔，然后按表 4.10 所示的程序加工螺纹轴左端轮廓。

任务9 螺纹配合件的编程与加工

表 4.10 螺纹轴左端轮廓加工程序

零件图号	4.11	零件名称	螺纹轴	编制日期	
程 序 名	O0405	数控系统	广州数控	编制	
程序内容			注释		
N5 G00 X100 Z100;			快速定位到起刀点		
N10 M03 S800 T0202;			转速 800r/min,换 2 号内孔车刀		
N15 X15 Z2.0;					
N20 G71 U1 R0.8;					
N25 G71 P30 Q45 U-0.4 W0.2 F100;					
N30 G01 Z0 F80;					
M35 X22 Z-10 F00;					
N40 X20 Z-25;					
N45 X18;					
N50 G00 X100 Z100;					
N55 M5;					
N60 M3 S1200;					
N65 G00 X15 Z2;					
N70 G70 P30 Q45;					
N75 M5;					
N80 G00 X100 Z100;					
N85 G00 X150 Z15 M05;					
N90 M03 S800 T0101;					
N95 G00 X52 Z2;					
N100 G71 U1 R0.8;					
N115 G71 P120 Q135 U0.4 W0.2 F100;					
N120 G00 X44;					
N125 G01 Z0 F80;					
N130 X46 Z-1 F100;					
N135 Z-35;					
N140 G00 X100 Z100;					
N145 M05;					
N150 M03 S1200;					
N155 G00 X50 Z2;					
N160 G70 P120 Q135;					

程序内容	注释
N165 G00 X100 Z100;	
N170 M05;	
N175 M03 S500 T0505;	
N180 G00 X48 Z-7;	
N185 Z-12;	
N190 G01 X38 F60;	
N195 G00 X48;	
N200 X100 Z100;	
N205 M30;	

(2) 螺纹轴右端轮廓加工程序

螺纹轴右端轮廓加工程序见表 4.11。

表 4.11 螺纹轴右端轮廓加工程序

零件图号	4.11	零件名称	螺纹轴	编制日期	
程 序 名	O0406	数控系统	广州数控	编制	
程序内容			注释		
N5 G00 X100 Z100;					
N10 M03 S800 T0101;			转速 800r/min，换 1 号外圆刀		
N15 G00 X52 Z2;					
N20 G71 U1 R0.8;					
N25 G71 P30 Q85 U0.4 W0.2 F100;					
N30 G00 X20;					
N35 G01 Z0 F80;					
N40 X22 Z-1 F100;					
N45 Z-23;					
N50 X24;					
N55 X26.85 Z-24.5;					
N60 Z-45;					
N65 X30;					
N70 X33.2 Z-61;					
N75 G02 X42 Z-65 R4 F60;					
N80 G01 X46;					

任务9 螺纹配合件的编程与加工

续表

程序内容	注释
N85 X48；	
N90 G00 X52 Z2；	
N95 X100 Z100；	
N100 M05；	
N105 M03 S1200；	
N110 G00 X52 Z2；	
N115 G70 P30 Q85；	
N120 G00 X100 Z100；	
N125 M05；	
N130 M03 S500 T0606；	
N135 X30 Z－45；	
N140 X24 F60；	
N145 G00 X46；	
N150 X100 Z100；	
N155 M05；	
N160 M03 S600 T0707；	
N165 G00 X27 Z－22；	
N170 G76 P011560 Q80 R0.1；	
N175 G76 X26.85 Z－41 P930 Q350 F1.5；	
N180 G00 X100 Z100；	
N185 M30；	

（3）螺母套端面车削加工程序

先车螺母套一端面，保证长度45mm，掉头车另一端面，取总长44mm。端面车削加工程序见表4.12。

表4.12　螺母套端面车削加工程序

零件图号	4.12	零件名称	螺母套	编制日期	
程 序 名	O0407	数控系统	广州数控	编制	
程序内容			注释		
N10 G00 X100 Z100；					
N15 M03 S500 T0101；					
N20 G00 X52 Z－1；					
N25 G01 X1 F80；					
N30 G00 Z10；					
N35 G00 X100 Z100；					
N40 M30；					

（4）螺母套内轮廓加工程序

加工螺母套内轮廓时，先用直径为 18mm 的钻头钻通孔，然后按表 4.13 所示螺母套内轮廓加工程序进行加工。

表 4.13　螺母套内轮廓加工程序

零件图号	4.12	零件名称	螺母套	编制日期	
程　序　名	O0408	数控系统	广州数控	编制	
程序内容				注释	
N5 G00 X100 Z100;					
N10 M03 S600 T0202;				转速 600r/min，换 2 号内孔车刀	
N15 G00 X150 Z2;					
N20 G71 U1 R0.8;					
N25 G71 P30 Q70 U-0.4 W0.2 F100;					
N30 G00 X33;					
N35 G01 Z0 F80;					
N40 X29.6 Z-17 F100;					
N45 X25.38 Z-18.5;					
N50 Z-40;					
N55 X23;					
N60 X22 Z-40.5;					
N65 Z-45;					
N70 X18;					
N75 G00 X15 Z-2;					
N80 X100 Z100;					
N83 M05;					
N85 M03 S1200;					
N90 G70 P30 Q70					
N95 G00 X100 Z100;					
N100 M05;					
N105 M03 S500 T0303;					
N110 G00 X16 Z-35;					
N115 G01 X28 F60;					
N120 G00 X16 Z2;					
N125 X100 Z100;					
N130 M5;					

续表

程序内容	注释
N135 M03 S500 T0404;	
N140 G00 X25.38 Z-16;	
N145 G76 P0160 Q80 R0.5;	
N150 G76 X27.15 Z-35 P930 Q350 F1.5;	
N155 G00 X100;	
N160 Z100;	
M165 M30;	

(5) 螺母套外轮廓加工程序

将螺母套旋入螺纹轴 M27×1.5 处，旋紧后用活动顶尖顶紧加工。加工程序见表 4.14。

表 4.14 螺母套外轮廓加工程序

零件图号	4.12	零件名称	螺母套	编制日期	
程 序 名	O0409	数控系统	广州数控	编制	
程序内容			注释		
N5 G00 X100 Z100;					
N10 M03 S800 T0101;					
N15 G00 X52 Z-10;					
N5 G00 X100 Z100;					
N10 M03 S800 T0101;					
N15 G00 X52 Z-10;					
N20 G73 U7 W2 R8;					
N25 G73 P30 Q45 U0.4 W0.2 F100;					
N30 G00 X37;					
N35 G01 Z-14 F80;					
N40 G03 X40 Z-58 R66 F60;					
N45 G01 X42;					
N50 G00 X52 Z-12;					
N60 M03 S1200;					
N65 G70 P30 Q45;					
N70 G00 X100 Z100;					
N75 M30;					

四、螺纹配合件加工

1. 领用工具及确定切削参数

螺纹配合件加工所需的刀具及相对应的切削参数见表4.15。

表4.15 刀具及切削参数

序号	加工面	刀具号	刀具类型	主轴转速 n / (r·min^{-1})	进给速度 v_f / (mm·min^{-1})
1	内孔	—	钻头	400	手动
2	车外形	T0101	93°菱形外圆车刀	粗车800,精车1 200	粗车100,精车80
3	车内孔	T0202	内孔车刀	粗车800,精车1 200	粗车100,精车80
4	车内槽	T0303	内切槽刀	500	25
5	车内螺纹	T0404	60°内螺纹刀	500	1.5
6	车外槽	T0505	外切槽刀	500	25
7	车外槽	T0606	外切槽刀	500	25
8	车外螺纹	T0707	60°螺纹刀	500	1.5

2. 螺纹配合件加工步骤

①打开机床电源,返回机床参考点。
②装夹工件毛坯并校正。
③安装刀具。
④依次对刀并设置刀偏值。
⑤输入程序。
⑥对刀操作。
⑦图形模拟。
⑧自动加工。
⑨卸下工件,清理现场。
⑩切断机床电源。

五、检查评估

工件加工完后,依据考核评分标准(见表4.16),先对单个工件进行检测,并对工件加工合格与否做出判定,然后通过两个工件的配合情况,判定螺纹配合件是否配合良好。

任务9 螺纹配合件的编程与加工

表 4.16 评分标准

序号	考核项目	考核内容及要求		评分标准	配分	检测结果	扣分	得分
1	螺纹轴	$M27 \times 1.5 - 6g$		超差不得分	8			
2		$R4mm$		超差不得分	3			
3		倒角（3处）		错、漏1处扣1分	4			
4		$95mm \pm 0.05mm$		每超差0.01扣1分	5			
5		$\phi 46_{-0.025}^{0}$ mm	IT	每超差0.01扣1分	5			
6			$Ra1.6\mu m$	每降1级扣1分	3			
7		$\phi 22_{-0.016}^{0}$ mm	IT	每超差0.01扣1分	5			
			$Ra1.6\mu m$	每降1级扣1分	3			
8		$\phi 38_{-0.033}^{0}$ mm	IT	每超差0.01扣1分	5			
			$Ra1.6\mu m$	每降1级扣1分	3			
9		$\phi 30mm$		超差不得分	2			
10		$23mm$		超差不得分	4			
11		$\phi 25mm$		超差不得分	2			
12		$20mm$		超差不得分	2			
13		$45_{-0.05}^{0}$ mm		超差不得分	5			
14		$7_{-0.05}^{0}$ mm		超差不得分	5			
15		$5_{-0.05}^{0}$ mm		超差不得分	2			
16	螺母套	$\phi 46mm \pm 0.05mm$	IT	每超差0.01扣1分	5			
17			$Ra1.6\mu m$	每降1级扣1分	2			
18		$\phi 33mm$		超差不得分	2			
19		$M27 \times 1.5 - 6H$		超差不得分	6			
20		$44mm \pm 0.05mm$		每超差0.01扣1分	2			
21	螺母套	$\phi 22_{0}^{+0.021}$ mm		超差不得分	5			
22		倒角		错、漏不得分	1			
23	配合	螺纹配合		超差不得分	8			
24	安全文明生产	(1) 遵守机床安全操作规程； (2) 刀具、工具、量具放置规范； (3) 设备保养、场地整洁		酌情扣1~3分	3			

知识拓展

常用公制螺纹尺寸及公差,见表 4.17。

表 4.17 常用公制螺纹尺寸及公差   mm

螺纹代号	基本直径			内螺纹公差等级				外螺纹公差	
	大径	中径	小径	6H		7H		6G	
				中径公差	小径公差	中径公差	小径公差	中径公差	小径公差
M10×1	10	9.35	8.917	0, +0.150	0, +0.236	0, +0.190	0, +0.300	-0.026, -0.138	-0.026, 0.206
M12×1	12	11.35	10.917	0, +0.160	0, +0.236	0, +0.200	0, +0.300	-0.026, -0.144	-0.026, 0.206
M14×1	14	13.35	122.917	0, +0.160	0, +0.236	0, +0.200	0, +0.300	-0.026, -0.144	-0.026, 0.206
M12×1.25	12	11.188	10.647	0, +0.180	0, +0.265	0, +0.224	0, +0.335	-0.028, -0.160	-0.028, -0.240
M14×1.25	14	13.188	12.647	0, +0.180	0, +0.265	0, +0.224	0, +0.335	-0.028, -0.160	-0.028, -0.240
M12×1.5	12	11.026	10.376	0, +0.190	0, +0.300	0, +0.236	0, +0.375	-0.032, -0.172	-0.032, -0.268
M14×1.5	14	13.026	12.376	0, +0.190	0, +0.300	0, +0.236	0, +0.375	-0.032, -0.172	-0.032, -0.268
M16×1.5	16	15.026	14.376	0, +0.190	0, +0.300	0, +0.236	0, +0.375	-0.032, -0.172	-0.032, -0.268
M18×1.5	18	17.026	16.376	0, +0.190	0, +0.300	0, +0.236	0, +0.375	-0.032, -0.172	-0.032, -0.268
M20×1.5	20	19.026	18.376	0, +0.190	0, +0.300	0, +0.236	0, +0.375	-0.032, -0.172	-0.032, -0.268
M22×1.5	22	21.026	20.376	0, +0.190	0, +0.300	0, +0.236	0, +0.375	-0.032, -0.172	-0.032, -0.268
M24×1.5	24	23.026	22.376	0, +0.200	0, +0.300	0, +0.250	0, +0.375	-0.032, -0.182	-0.032, -0.268
M26×1.5	26	25.026	24.376	0, +0.200	0, +0.300	0, +0.250	0, +0.375	-0.032, -0.182	-0.032, -0.268
M27×1.5	27	26.026	25.376	0, +0.200	0, +0.300	0, +0.250	0, +0.375	-0.032, -0.182	-0.032, -0.268
M30×1.5	30	29.026	28.376	0, +0.200	0, +0.300	0, +0.250	0, +0.375	-0.032, -0.182	-0.032, -0.268
M33×1.5	33	32.026	31.376	0, +0.200	0, +0.300	0, +0.250	0, +0.375	-0.032, -0.182	-0.032, -0.268
M36×1.5	36	35.026	34.376	0, +0.200	0, +0.300	0, +0.250	0, +0.375	-0.032, -0.182	-0.032, -0.268
M39×1.5	39	38.026	37.376	0, +0.200	0, +0.300	0, +0.250	0, +0.375	-0.032, -0.182	-0.032, -0.268
M42×1.5	42	41.026	40.376	0, +0.200	0, +0.300	0, +0.250	0, +0.375	-0.032, -0.182	-0.032, -0.268
M27×2	27	25.701	24.835	0, +0.224	0, +0.375	0, +0.280	0, +0.475	-0.038, -0.208	-0.038, -0.318
M30×2	30	28.701	27.835	0, +0.224	0, +0.375	0, +0.280	0, +0.475	-0.038, -0.208	-0.038, -0.318
M33×2	33	31.701	30.835	0, +0.224	0, +0.375	0, +0.280	0, +0.475	-0.038, -0.208	-0.038, -0.318
M36×2	36	34.701	33.835	0, +0.224	0, +0.375	0, +0.280	0, +0.475	-0.038, -0.208	-0.038, -0.318
M39×2	39	37.701	36.835	0, +0.224	0, +0.375	0, +0.280	0, +0.475	-0.038, -0.208	-0.038, -0.318
M42×2	42	40.701	39.835	0, +0.224	0, +0.375	0, +0.280	0, +0.475	-0.038, -0.208	-0.038, -0.318
M45×2	45	43.701	42.835	0, +0.224	0, +0.375	0, +0.280	0, +0.475	-0.038, -0.208	-0.038, -0.318
M52×2	52	50.701	49.835	0, +0.236	0, +0.375	0, +0.300	0, +0.475	-0.038, -0.218	-0.038, -0.318
M60×2	60	58.701	57.835	0, +0.236	0, +0.375	0, +0.300	0, +0.475	-0.038, -0.218	-0.038, -0.318
M64×2	64	62.701	61.835	0, +0.236	0, +0.375	0, +0.300	0, +0.475	-0.038, -0.218	-0.038, -0.318
M72×2	72	70.701	69.835	0, +0.236	0, +0.375	0, +0.300	0, +0.475	-0.038, -0.218	-0.038, -0.318

备注:①表中外螺纹的完整螺纹长度包括不超过一个螺距长度的倒角。
②表中内螺纹的完整螺纹长度不包括在中径线和倒角交线外的锥口孔,即完整螺纹长度等于完整内螺纹加一个螺距。

任务 9　螺纹配合件的编程与加工

习题训练

编制如图 4.14 所示的螺纹轴及如图 4.15 所示的螺母套的数控加工工艺及程序，并完成螺纹配合件（见图 4.16）的加工与装配。要求如下：

（1）计算出图中各节点坐标值。
（2）确定加工所用刀具及切削参数。
（3）编制工件数控加工程序。
（4）完成螺纹配合件的加工与装配。

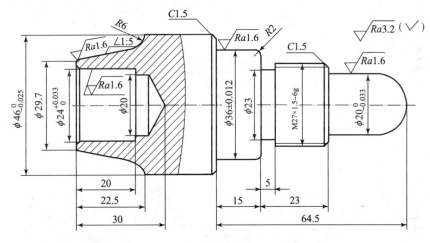

图 4.14　螺纹轴

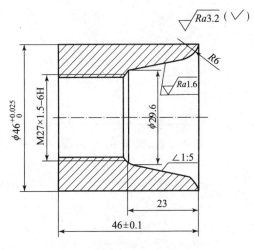

图 4.15　螺母套

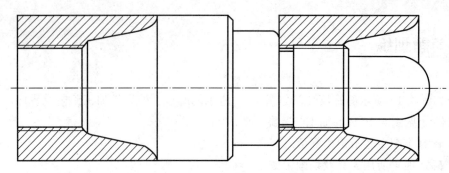

图 4.16　螺纹配合件

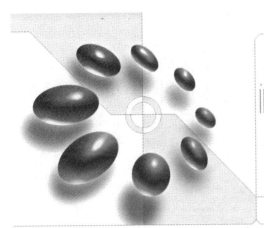

学习情境五 特殊零件的数控编程与加工

任务10 椭圆轴的编程与加工

本任务就是要求在数控车床上完成如图5.1所示的椭圆轴的加工,以达到掌握和提高椭圆类零件工艺分析与编程能力及实际操作技能的目的。

一、椭圆方程

1. 极坐标方程

$$\begin{cases} x = b \cdot \sin\theta \\ z = a \cdot \cos\theta \end{cases}$$

式中,a ——X向椭圆半轴长;
b ——Z向椭圆半轴长;

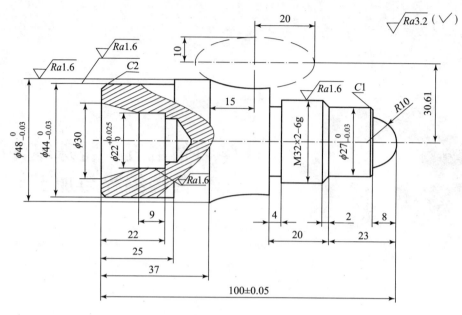

图 5.1 椭圆轴

θ ——椭圆上某点的圆心角,零角度在 Z 轴正向。

2. 直角坐标方程

$$\frac{x^2}{a^2} + \frac{z^2}{b^2} = 1$$

$$z = b \cdot \sqrt{1 - \frac{x^2}{a^2}}$$

对椭圆轮廓,其方程有两种形式。对粗加工,采用 G71/G72 走刀方式时,用直角坐标方程比较方便;而对精加工(仿形加工),用极坐标方程比较方便。

二、宏程序

1. 宏程序的概念

如何使数控机床这种高效自动化机床更好地发挥效益,其关键之一就是开发和提高数控系统的使用性能。B 类宏程序的应用是提高数控系统使用性能的有效途径。B 类宏程序与 A 类宏程序有许多相似之处,因而,下面就在 A 类宏程序的基础上,介绍 B 类宏程序的应用。

宏程序的定义:由用户编写的专用程序,它类似于子程序,可用规定的指令作为代号,以便调用。宏程序的代号称为宏指令。

宏程序的特点:宏程序可使用变量,并可用变量执行相应操作;实际变量值可由宏程序指令赋给变量。

2. 宏程序的调用

(1)非模态调用

非模态调用指一次性调用宏主体,即宏程序只在一个程序段内有效。G65 被指定时,地址 P 所指定的用户宏被调用,数据(自变量)能传递到用户宏程序中。其格式如下:

65 P××××(宏程序号)L(重复次数)<指定引数值>

任务10 椭圆轴的编程与加工

其中，一个引数是一个字母，对应于宏程序中变量的地址，引数后边的数值赋给宏程序中对应的变量（见例1）。

[例1] 宏程序的非模态调用。#1 = 1.0，#2 = 2.0。

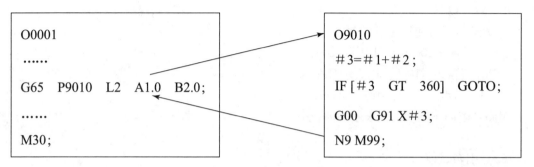

（2）模态调用

模态调用功能近似固定循环的续效作用，在调用宏程序的语句以后，机床在指定的多个位置循环执行宏程序，直到发出 G67 命令，该方式被取消。其使用格式如下：

……
G66 P××××（宏程序号） L（重复次数） ＜指定引数值＞；（此时机床不动）
X～Y～； （机床在这些点开始加工）
X～Y～；
……
G67； （停止宏程序的调用）

[例2] 宏程序的模态调用。

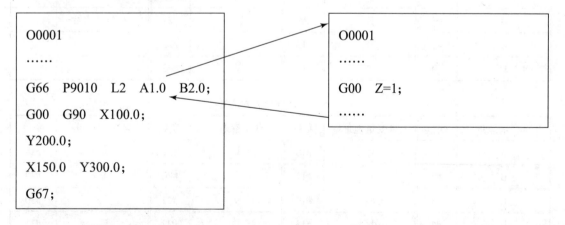

（3）用 G 代码调用宏程序

让 G 代码与相应宏程序对应起来，调用宏程序时只需使用此 G 代码并给变量赋值。

例如，可设定参数 0323 的值为 12，即表示 G12（引数指定）与 G65 P9010（引数指定）相同，这里的 G12 代替了 G65 P9010。

（4）用 M 代码、T 代码、S 代码及 B 代码调用宏程序

3. 宏程序的变量

（1）变量的表示

变量可以用"#"号和跟随其后的变量序号来表示，即#i（i=1，2，3，…）。例如：#5，#109，#501。

也可用表达式来表示变量，即#［（表达式）］。例如：#［#50］，#［2001-1］，#［#1+#2-12］。

在地址号后可使用变量，例如：

F#9：若#9=200.0，则表示 F200；

Z#26：若#26=10.0，则表示 Z10；

G#13：若#13=3.0，则表示 G03；

M#5：若#5=08.0，则表示 M08；

……

（2）引数赋值

宏程序体以子程序方式出现，所用的变量可在宏调用时赋值。例如：

G65 P9120 X100. Y20. F20；

其中，X、Y、F对应于宏程序中的变量号，变量的具体数值由引数后的数值决定。引数与宏程序体中变量的对应关系有两种（见表5.1和表5.2），这两种方法可以混用。其中G、L、N、O、P不能作为引数为变量赋值。

表5.1 变量赋值方法Ⅰ

引数（自变量）	变量	引数（自变量）	变量	引数（自变量）	变量	引数（自变量）	变量
A	#1	H	#11	R	#18	X	#24
B	#2	I	#4	S	#19	Y	#25
C	#3	J	#5	T	#20	Z	#26
D	#7	K	#6	U	#21		
E	#8	M	#13	V	#22		
F	#9	O	#17	W	#23		

表5.2 变量赋值方法Ⅱ

自变量地址	变量	自变量地址	变量	自变量地址	变量	自变量地址	变量
A	#1	I_3	#10	I_6	#19	I_9	#28
B	#2	J_3	#11	J_6	#20	J_9	#29
C	#3	K_3	#12	K_6	#21	K_9	#30
I_1	#4	I_4	#13	I_7	#22	I_{10}	#31
J_1	#5	J_4	#14	J_7	#23	J_{10}	#32
K_1	#6	K_4	#15	K_7	#24	K_{10}	#33
I_2	#7	I_5	#16	I_8	#25		
J_2	#8	J_5	#17	J_8	#26		
K_2	#9	K_5	#18	K_8	#27		

(3) 变量的种类

变量有局部变量、公用变量（全局变量）和系统变量三种。

1) 局部变量（#1 ~ #33）

局部变量是一个在宏程序中局部使用的变量。例如，当宏程序 A 调用宏程序 B 且都有 #1 变量时，因为它们服务于不同局部，所以 A 中的#1 与 B 中的#1 不是同一个变量，互不影响。

2) 公用变量（全局变量）（#100 ~ #149、#500 ~ #509）

公用变量贯穿整个程序过程，包括多重调用。若 A 与 B 同时调用全局变量#100，则 A 中的#100 与 B 中的#100 是同一个变量。

3) 系统变量

宏程序能够对机床内部变量进行读取和赋值，从而完成复杂任务。系统变量主要包括以下几种：

① 接口信号。

② 刀具补偿#200 ~ #2200，其中长度补偿与半径补偿均在此区域内。

③ 工件偏置量#5201 ~ #5326。

④ 报警信息#3000。#3000 中存储报警信息地址，如：#3000 = n，则显示 n 号警告。

⑤ 时钟#3001、#3002。

⑥ 禁止单程序段停止和等待辅助机能结束信号#3003。

⑦ 进给保持（不能手动调节机床进给速率）#3004。

⑧ 模态信息#4001 ~ #4120。如：#4001 为 G00 ~ G03，若当前为 G01 状态，则#4001 值为 01；#4002 为 G17 ~ G19，若当前为 G17 平面，则#4002 值为 17。

⑨ 位置信息#5001 ~ #5105。保存各种坐标值，包括绝对坐标及距下一点距离等。系统变量还有多种，它们为编制宏程序提供了丰富的信息来源。

4) 未定义变量

当变量的值未定义时，这样的一个变量被看作"空"变量，变量#0 总是"空"变量。

4. 宏程序的运算指令

宏程序具有赋值、算术运算、逻辑运算和函数运算等功能，表 5.3 列出了变量的各种运算方式。

表 5.3 变量的各种运算

序号	名称	形式	意义	具体示例
1	定义、转换	#i = #j	定义、转换	#102 = #10 #20 = #500
2	加法形演算	#i = #j + #K #i = #j − #K #i = OR#K #i = XOR #K	和 差 逻辑和 异或	#5 = #10 + #102 #8 = #3 + 100 #20 = #3 − #8 #12 = #5 − 25

续表

序号	名称	形式	意义	具体示例
3	乘法形演算	#i = #j * #K #i = #j/#K #i = AND #K #i = MOD #K	积 商 逻辑乘 取余	#120 = #1 * #24，#20 = #7 * 360 #104 = #8/#7，#110 = #21/12 #116 = #10AND/#21 #20 = #8MOD#2
4	函数运算	#i = SIN [#j] #i = COS [#j] #i = TAN [#j] #i = ATAN [#j] #i = SQRT [#j] #i = ABS [#j] #i = ROUND [#j] #i = FLX [#j] #i = FUP [#j] #i = ACOS [#j] #i = LN #K [#j] #i = EXP #K [#j]	正弦（度） 余弦（度） 正切 反正切 平方根 绝对值 四舍五入整数化 小数点以下舍去 小数点以下进位 反余弦（度） 自然对数 e^x	#10 = SIN [#5] #133 = COS [#20] #30 = TAN [#21] #148 = ATAN [#1] / [#2] #131 = SQRT [#10] #5 = ABS [#102] #112 = ROUND [#23] #115 = SQRT [#10] #114 = FUP [#33] #10 = ACOS [#16] #3 = LN [#100] #7 = EXP [#9]

5. 宏程序的控制指令

控制指令可起到控制程序流向的作用。

(1) 分支语句（GOTO）

分支语句 GOTO 的格式如下：

IF [<条件表达式>] GOTO n;

若条件表达式成立，则程序转向程序号为 n 的程序段；若条件不满足，就继续执行下一句程序。条件式的种类见表 5.4。

表 5.4 条件式种类

条件式	意义
#jEQ#K	=
#jNE#K	≠
#jGT#K	>
#jLT#K	<
#jGE#K	≥
#jLE#K	≤

(2) 循环指令

循环指令的格式如下：

WHILE [<条件式>] DO m;（m = 1, 2, 3 …）

……

END m;

任务 10 椭圆轴的编程与加工

当条件满足时,就循环执行 WHILE 与 END 之间的程序段 m 次;若条件不满足,就执行"END m;"的下一个程序段。

华中系统格式如下:

WHILE [条件表达式];

……

END W;

三、凹椭圆宏程序

1. 设置凹椭圆变量和参数

编写如图 5.2 所示的凹椭圆数控加工程序,设置的凹椭圆变量和参数见表 5.5。

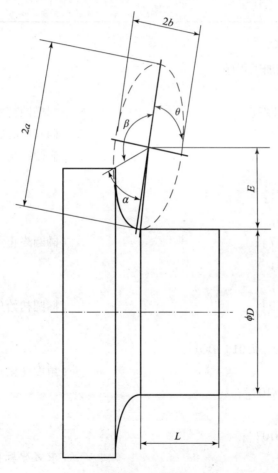

图 5.2 凹椭圆

表 5.5 变量和参数

自变量	参数	对应的局部变量
A	椭圆的长半轴 a	#1
B	椭圆的短半轴 b	#2

续表

自变量	参数	对应的局部变量
C	椭圆中心 z	#3
D	直径 d	#7
E	椭圆中心 X	#8
H	夹角 θ	#11
M	起始圆心角 β	#13
Q	中心角 γ	#17
F	进给速度	#9
R	步距角	#18

2. 凹椭圆加工程序

编写的凹椭圆数控加工程序：

O0501

```
G01  X#7  Z#3  F#9;                （到椭圆初始点）
#100 = #8 + [#7/2];                （椭圆中心的 X 坐标（半径））
#101 = #13 + #17;                  （椭圆终止圆心角）
#116 = #1/#2;
#117 = TAN [#101];
#117 = #117 * #116;
#101 = ATAN [#117];                （椭圆终止角）
#118 = TAN [#13];
#119 = #118 * #116;
#120 = ATAN [#119];                （椭圆初始角）
#102 = 0;
WHILE [#102 LE #101] DO1;
#102 = #13 + #18;                  （角度变化）
#103 = #1 * COS [#102];
#104 = #103 + #3;
#105 = #2 * SIN [#102];
#106 = #105 + #100;                （求 Z 坐标）
#107 = #104 * COSI [#11];
#108 = #106 * SIN [#11];
#109 = #107 - #108;
#110 = #104 * SINI# [11];
#111 = #106 * COS [#11];           （求 X 坐标（直径））
#112 = #110 + #111;
#113 = 2 * #112;
```

```
G99 G01 X#113 Z#109 F#9;                    （进给）
#102 = #13;
END 1;
M99;
```

任务实施

一、制定椭圆轴零件加工工作流程

①零件图工艺分析。
②确定装夹方案和定位基准。
③选择刀具及切削用量。
④确定加工顺序及进给路线。
⑤计算坐标点。
⑥确定编程路线及过程。
⑦编写数控加工程序。
⑧领用工具。
⑨打开机床电源。
⑩返回机床参考点。
⑪手动进行 X、Z 轴的移动。
⑫装夹工件毛坯。
⑬装夹刀具并校正。
⑭对车刀进行对刀。
⑮输入程序并进行编辑、修改。
⑯零件首件试切。
⑰检测零件及校正刀偏值。
⑱切断机床电源。
⑲检查与评价。

二、椭圆轴零件加工工作条件准备

①机床设备：FANUC 数控机床数台。
②刀具类：中心钻、钻头、镗孔刀、外圆车刀、切槽刀和外螺纹车刀。
③量具类：游标卡尺、内测千分尺、外径千分尺和内径量表等。
④工艺装备类：各类扳手及通用夹紧元件等。
⑤手册类：各类刀具手册、数控系统手册、相关机床操作手册和工艺手册等。
⑥模拟软件类：上海宇龙仿真模拟软件和南京宇航仿真模拟软件等。
⑦辅助工具：通用计算机。
⑧工件材料：45 钢棒料。

三、椭圆轴零件工艺分析与程序编写

1. 零件图技术要求分析

该零件总长度为 100mm，最大回转直径为 48mm，零件重要的径向加工部位有 $\phi 44_{-0.033}^{0}$ mm 圆柱段（表面粗糙度 $Ra1.6\mu m$）、$\phi 48_{-0.033}^{0}$ mm 圆柱段（表面粗糙度 $Ra1.6\mu m$）、$\phi 27_{-0.033}^{0}$ mm 圆柱段（表面粗糙度 $Ra1.6\mu m$），右端 $R10$mm 的圆弧，长半轴为 20mm、短半轴为 10mm 的椭圆面，$\phi 22_{0}^{+0.025}$ mm 的内孔（$Ra1.6\mu m$），$M32\times2-6g$ 三角形外螺纹，其余表面粗糙度均为 $Ra3.2\mu m$。零件重要的轴向加工部位为内孔部分以及椭圆面，零件的其他轴向加工部位也应根据尺寸精度进行加工。

零件材料为 45 钢，毛坯规格为 $\phi 50mm\times 100mm$。

2. 加工方案

（1）装夹方案

使用三爪自定心卡盘夹持零件的毛坯外圆，确定零件伸出合适的长度（应将机床的限位距离考虑进去）。零件需要加工两端，因此需要考虑两次装夹的位置，考虑到左端 $\phi 44mm\times 25mm$ 的台阶可以用来装夹，因此先加工左端，然后调头夹住 $\phi 44mm\times 25mm$ 的台阶加工右端。

（2）定位基准

零件的定位基准选择：加工左端时选择在毛坯外圆柱段的右端外圆表面，加工右端时选择在 $\phi 44_{-0.033}^{0}$ mm 外圆柱段的表面，以体现定位基准是轴的中心线。

（3）位置点

1）换刀点

零件原点设在零件的右端面，为防止换刀时刀具与零件或尾座相碰，换刀点可以设置在 ($X100，Z100$) 的位置。

2）起刀点

零件材料的毛坯尺寸为 $\phi 50mm\times 100mm$，为减少循环加工的次数，循环的起刀点可以设置在 ($X51，Z2$) 的位置。

3. 确定加工工艺路线

① 夹紧零件毛坯，伸出卡盘 50mm，加工左端。

② 钻孔 $\phi 20mm$，深度约为 25mm。

③ 粗、精加工内孔至要求尺寸。

④ 粗车零件左端外轮廓。

⑤ 精车零件左端外轮廓，利用外径千分尺保证尺寸精度要求。

⑥ 调头装夹，使用铜皮夹紧 $\phi 44mm\times 25mm$ 外圆，校正，加工右端。

⑦ 粗车零件的右端外轮廓。

⑧ 精车零件的右端外轮廓，利用外径千分尺保证尺寸精度要求。

⑨ 切槽 $4mm\times 2mm$ 至要求尺寸。

⑩ 车削零件的 $M32\times 2$ 三角形螺纹，利用螺纹千分尺或螺纹环规保证精度要求。

⑪ 检测、校核。

任务 10　椭圆轴的编程与加工

4. 数值计算

（1）设定编程原点

以工件右端面与主轴主线的交点为编程原点建立工件坐标系。

（2）计算各基点位置坐标值

零件尺寸如图 5.3 所示。

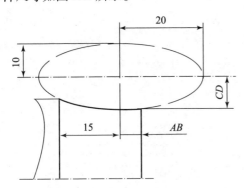
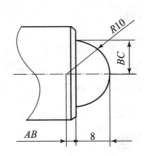

图 5.3　零件尺寸

1）椭圆起始角度计算

将 $x = AB = 5\text{mm}$、$a = 20\text{mm}$ 代入 $x = a\cos\theta$（式中，a 为椭圆长轴），得椭圆起始角度为 $-75.522°$。

2）椭圆起点坐标计算

将 $b = 10\text{mm}$、$\theta = -75.522°$ 代入 $y = b\sin\theta$（式中，b 为椭圆短轴），得到椭圆起点坐标为（$X41.864$，$Z-43$）。

（3）$R10\text{mm}$ 圆弧终点坐标计算

根据 $R = 10 \text{ mm}$、$AB = 2 \text{ mm}$ 进行三角形的另一边计算，得到圆弧终点坐标为（$X19.6$，$Z-8$）。

（4）螺纹尺寸计算

螺纹大径：$d = 31.85\text{mm}$。

螺纹小径：$d_1 = d - 1.0825P = 31.85 - 1.0825 \times 2\text{mm} = 29.685\text{mm}$。

螺纹中径：$d_2 = d - 0.6495P = 31.85 - 0.6495 \times 2\text{mm} = 30.551\text{mm}$。

5. 编写数控加工程序

用 FANUC 数控系统编写的椭圆轴左端、右端数控加工程序见表 5.6 和表 5.7。

表 5.6　椭圆轴左端数控加工程序

程序内容	注释
O0502	主程序名
N10 G97 M03 S500 G00 X100 Z100；	
N20 T0101；	
N30 M03 S800；	
N40 G00 X18 Z2；	
N50 G71 U1 R0.5；	

续表

程序内容	注释
N60 G71 P70 Q120 U-0.5 W0.1 F0.2;	
N70 G00 X30;	
N80 G01 Z0 F0.1;	
N90 X25 Z-13;	
N100 X22;	
N110 Z-22;	
N120 X20;	
N130 G00 X100 Z100;	
N140 M05;	
N150 M00;	
N160 M03 S1000;	
N170 G00 X16 Z2;	
N180 G70 P70 Q120;	
N190 G00 X100 Z100;	
N200 M05;	
N210 M00;	
N220 T0202;	
N230 M03 S500;	
N240 G00 X51 Z2;	
N250 G71 U2 R0.5;	
N260 G71 P270 Q330 U0.5 W0.1 F0.2;	
N270 G00 X40;	
N280 G01 Z0 F0.1;	
N290 X44 Z-2;	
N300 Z-25;	
N310 X48;	
N320 Z-38;	
N330 X50;	
N340 G00 X100 Z100;	
N350 M05;	
N360 M00;	
N370 T0202;	

任务10 椭圆轴的编程与加工

续表

程序内容	注释
N380 M03 S1000;	
N390 G00 X51 Z2;	
N400 G70 P270 Q330;	
N410 G00 X100 Z100;	
N420 M30;	

表5.7 椭圆轴右端数控加工程序

程序内容	注释
O0503	主程序名
N10 G97 M03 S500 G00 X100 Z100;	加工右端（调头夹住 $\phi 44mm \times 25mm$ 的台阶，要求包铜皮）
N20 T0101;	
N30 G00 X51 Z2;	
N40 G73 U25 R10;	
N50 G73 P60 Q220 U0.5 W0.1 F0.3;	
N60 G00 X0;	
N70 G01 Z0 F0.1;	
N80 G03 X19.6 Z−8 R10;	
N90 G01 X25;	
N100 X27 Z−9;	
N110 Z−23;	
N120 X27.8;	
N130 X31.8 Z−25;	
N140 Z−43;	
N150 X41.864;	
N160 #101 = −75.522;	
N170 #102 = 20 ∗ SIN [#101] + 61.29;	
N180 #103 = 20 ∗ COS [#101] − 48;	
N190 G01 X [#102] Z [#103] F0.1;	
N200 #101 = #101 − 1;	
N210 IF [#102 LE 48] GOTO 170;	
N220 G01 X48 Z−63;	
N230 G00 X100 Z100;	
N240 M05;	

续表

程序内容	注释
N250 M00;	
N260 T0101;	
N270 M03 S1000;	
N280 G00 X51 Z2;	
N290 G70 P60 Q220;	
N300 G00 X100 Z100;	
N310 M05;	
N320 M00;	
N330 T0202;	
N340 M03 S350;	
N350 G00 Z-43;	
N360 X33;	
N370 G01 X28.F0.05;	
N380 G00 X100;	
N390 Z100;	
N400 M05;	
N410 M00;	
N420 T0303;	
N430 M03 S400;	
N440 G00 X33 Z-21;	
N450 G92 X31.5 Z-41 F2.0	
N460 X30.5;	
N470 X30;	
N480 X29.685;	
N490 X29.685;	
N500 G00 X100	
N510 Z100;	
N520 M30;	

四、椭圆轴加工

1. 领用工具

领用的刀具清单见表5.8。

任务 10　椭圆轴的编程与加工

表 5.8　刀具清单

零件名称		椭圆轴		零件图号		5.1		
序号	刀具号	刀具名称及规格	刀尖半径 R /mm	刀尖位置 T	数量	加工表面	备注
1		中心钻			1	左端面	手动
2		φ20mm 钻头			1	钻孔	手动
3	T0101	镗孔刀	0.1	3mm	1	镗孔	
4	T0202	35°右偏外圆车刀	0.2	2mm	1	粗、精车外轮廓	
5	T0303	切槽刀	B = 4		1	切槽	左刀尖
6	T0404	60°外螺纹车刀	0.2	0	1	三角形螺纹	

2.制定工序卡

制定的工序卡见表 5.9。

表 5.9　工序卡

材料	45 钢	零件图号	5.1	系统	FANUC	工序号	001
程序名		机床设备	数控车床	夹具名称		三爪自定心卡盘	
操作序号	工步内容（走刀路线）		G 功能	T 刀具	切削用量		
					转速 S /(r·min^{-1})	进给量 f /(mm·r^{-1})	背吃刀量 a_p /mm
1	中心钻				1 200		3
2	钻孔		G81		500		25
3	粗车零件左端内轮廓		G71	T0101	600	0.2	1
4	精车零件左端内轮廓		G70	T0101	1 000	0.1	0.5
5	粗车零件左端外轮廓		G71	T0202	500	0.2	2
6	精车零件左端外轮廓		G70	T0202	1 000	0.1	0.5
7	粗车零件右端外轮廓		G73	T0202	500	0.2	2
8	精车零件右端外轮廓		G70	T0202	1 000	0.1	0.5
9	切 4mm×2mm 退刀槽		G01	T0202	350	0.05	2
10	车削 M32×2 外螺纹		G92	T0303	800		
11	检测、校核						

3.椭圆轴加工步骤

①打开机床电源，回机床参考点。

②装夹工件毛坯并校正。

③装夹刀具并校正。

④依次对刀并设置刀偏值。

⑤程序的输入、编辑和修改。
⑥程序调试（图形模拟加工）。
⑦程序的自动运行。
⑧检测零件及校正刀偏值。
⑨切断机床电源。

五、检查评估

加工完成后对零件进行去毛刺处理，并对照图纸进行尺寸检测，零件检测评分见表5.10。要求同学们自检后互检，一起讨论加工的工艺是否合理、零件是否达标，并对存在的问题进行评估。

表 5.10 评分表

零件名称		椭圆轴		零件图号		5.1	
检测项目		技术要求	配分	评分标准	实测结果	扣分	得分
外圆	1	$\phi 48_{-0.033}^{0}$ mm, Ra 1.6μm	6, 3	超差0.01扣3分，降级无分			
	2	$\phi 44_{-0.033}^{0}$ mm, Ra 1.6μm	6, 3	超差0.01扣3分，降级无分			
	3	$\phi 27_{-0.033}^{0}$ mm, Ra 1.6μm	6, 3	超差0.01扣3分，降级无分			
	4	$\phi 22_{0}^{+0.025}$ mm, Ra 1.6μm	6, 3	超差0.01扣3分，降级无分			
螺纹	5	M32×2 大径, Ra = 3.2μm	2, 2	超差无分，降级无分			
	6	M32×2 中径, Ra 3.2μm	2, 2	超差无分，降级无分			
	7	M32×2 牙型角	4	不符无分			
	8	M32×2 小径, Ra 3.2μm	2, 2	超差无分，降级无分			
圆弧	9	R10mm, Ra 3.2μm	2, 2	超差无分，降级无分			
长度	10	20mm	2	超差无分			
	11	23mm	2	超差无分			
	12	22mm	2	超差无分			
	13	25mm	2	超差无分			
	14	37mm	2	超差无分			
	15	10mm ± 0.05mm	4	超差0.01扣2分			
沟槽	16	4mm×2mm, Ra 3.2μm	2, 2	超差无分，降级无分			
椭圆	17	形状, Ra 3.2μm	4, 2	不符无分，降级无分			
	18	2×C2	4	不符无分			
	19	C1	2	不符无分			
	20	未注倒角 C0.5	2	不符无分			

任务 10 椭圆轴的编程与加工

续表

零件名称		椭圆轴		零件图号		5.1	
检测项目		技术要求	配分	评分标准	实测结果	扣分	得分
其他	21	锐边倒钝去毛刺	2	不符无分			
	22	安全操作规程	10	违反一次扣5分			
总配分		100		总得分			

知识拓展

1. 宏程序的走刀路线

用宏程序编写方程曲线车削程序时，其加工的走刀路线可以按照以下原则编程：

（1）粗加工

应根据毛坯的情况选用合理的走刀路线。

对棒料、外圆切削，应采用类似 G71 的走刀路线；

对盘料，应采用类似 G72 的走刀路线；

对内孔加工，选用类似 G72 的走刀路线较好，此时镗刀杆可粗一些，易保证加工质量。

（2）精加工

一般采用仿形加工，即半精车、精车各一次。

2. 子程序与宏程序在数控车削中的综合运用

在数控车削加工中，经常遇到需加工的零件上有若干处相同的轮廓形状或在加工中有反复出现的相同走刀路线，此时，只要将该部分用子程序编写，然后在主程序中用"M98"指令进行调用即可。这能使程序简洁明了，节省内存空间，但应用子程序至少要占用两个程序名（即主程序和子程序各占1个）。有的数控系统程序总数只有64个，当加工的产品种类较多时，则只能删除原有的其他程序。另外，若在执行子程序过程中出现问题（比如崩刀），则需重新调试执行；而宏程序是通过数学计算或逻辑运算，以变量的不断变化进行编程，程序非常简洁且逻辑性强，特别是加工一些非圆曲线时（如椭圆、抛物线等），更显示出宏程序的优越性。当加工形状相同而尺寸不同的产品时，只需要改变其中的变量即可解决问题。一般情况下，宏程序的编写都较为复杂，对编程人员和操作人员的要求较高，且其应用受机床数控系统宏程序功能的限制——有的机床只能运行宏程序功能 A，不支持宏程序功能 B，有的旧系统甚至不带宏程序功能。

如果将子程序和宏程序结合起来使用，就可以相互取长补短，使编程和加工调试都方便快捷，节省辅助时间，提高生产效率。编程人员和操作人员只需要懂得一些简单的宏程序知识就能应付自如。

如图 5.4 所示的大凹圆弧零件，车削时，由于直径方向尺寸相差太大，故无法通过一两次走刀来完成加工。若采用 G73 固定循环指令编程，则空走刀过多，会影响生产率效。若用切槽刀进行开粗并用圆头刀进行半精、精加工，虽然加工效率较快，但需手工计算或利用

CAD绘图找出相应点的坐标,所需辅助时间较长。并且用切槽刀开粗径向受力大,不适合工件在刚性不够的情况下使用。

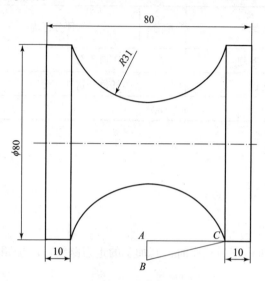

图5.4 大凹圆弧零件

此时,若使用子程序和宏程序的混合编程进行加工,则能较好地解决上述问题。在直角三角形 ABC 中,B 为 $R31$ 的圆心。已知 $AC = (80 - 10 - 10)/2 = 30$ (mm),$BC = 31$ mm,$AB = \sqrt{BC^2 - AC^2} = 7.81$ mm。故取开始切削的圆弧半径为8mm,切削的圆弧半径每次增加1mm。如图5.5所示,计算出 $EF = 5.5$ mm,并计算出每次 Z 轴移动量约为1.374mm。据此,编写的数控加工程序见表5.11,其中只编写加工凹圆弧部分,其余由学员自己完成。本程序使用的圆头车刀半径为2mm,以圆心作为对刀点。

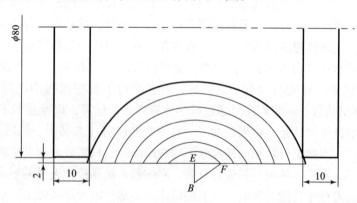

图5.5 大凹圆弧零件工艺尺寸计算图

表5.11 大凹圆弧零件数控加工程序

程序内容	注释
O0504	主程序名
N10 G50 X100. Z100. ;	换刀点坐标

任务10 椭圆轴的编程与加工

续表

程序内容	注释
N15 M03 S500;	主轴正转，500r/min
N20 T0303;	圆弧车刀，$R=2$mm
N25 G00 X84. Z-40.;	定位到 E 点
N30 #1=1.374;	每次 Z 轴移动量
N35 #2=5.5-#1;	定位初值
N40 #3=7;	半径初值
N45 #4=1;	半径增值
N50 G00 W#2;	
N55 M98 P100505;	调用子程序
N60 G00 G42 X84 Z-10 D03;	执行半径补偿
N65 G01 X80 Z10 F60;	
N70 G02 X80 Z-70 R31;	最后精加工
G75 G01 X84;	
N80 G00 G40 X100 Z100;	取消半径补偿
N85 T0101;	
N90 M30;	主程序结束
N95 O0505	子程序
N100 G00 W#1;	Z 轴正向进给 1.374mm
N105 #2=#2+#1;	
N110 #3=#3+#4;	半径值加 1mm
N115 #5=#2+#2;	
N120 G02 W-#5 R#3 F80;	从右至左加工圆弧
N125 G00 W-#1;	Z 轴负向进给 1.374mm
N130 #2=#2+#1;	
N135 #3=#3+#4;	半径值加 1mm
N140 #5=#2+#2;	
N145 G03 W#5 R#3 F80;	从左至右加工圆弧
N150 M99;	子程序结束返回

上述编程每次在半径方向进给 1mm，调用 1 次子程序，半径方向进给 2mm，加工过程没有多余的空走刀，加工效率极高。在子程序中不执行刀具半径补偿，所以刀具要偏移轮廓超过一个刀具半径值。如果机床不支持刀具半径补偿功能，可以在编程时人工偏移一个刀具半径进行加工。如果机床只能执行宏程序 A 而不能执行宏程序 B 的话，则可以用宏程序的加法运算指令 "G65 H02" 来代替上述宏变量的加法运算，不会影响加工效果。

掌握一些子程序和宏程序的编程知识，是对编程人员的基本要求。在实际应用中，编程人员要做到灵活和变通，综合运用子程序和宏程序进行编程，这样才能起到事半功倍的效果。

1. 变量的种类有哪三种？系统变量主要包括哪些？
2. 加工非圆曲面时，如何保证较高的尺寸精度？
3. 宏程序常见的运算指令有哪些？宏程序的控制指令有哪几种？其作用分别是什么？
4. 编制如图 5.6 所示椭圆轴的数控加工工艺及程序，并上机操作加工。要求如下：
（1）计算出图 5.6 中标出的各节点坐标值。
（2）列出所用的刀具和确定的切削参数。
（3）编制出加工程序。

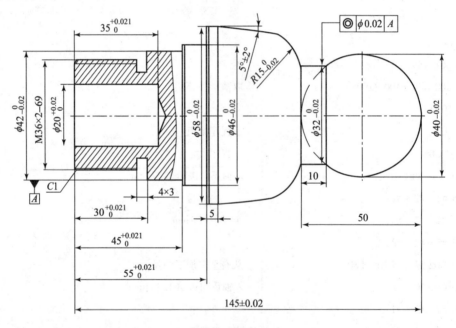

图 5.6 椭圆轴

任务 11 抛物线轴的编程与加工

本任务为在数控车床上完成如图 5.7 所示抛物线轴的加工，以达到掌握与提高抛物线类

任务 11 抛物线轴的编程与加工

零件的工艺分析和编程能力及实际操作技能的目的。

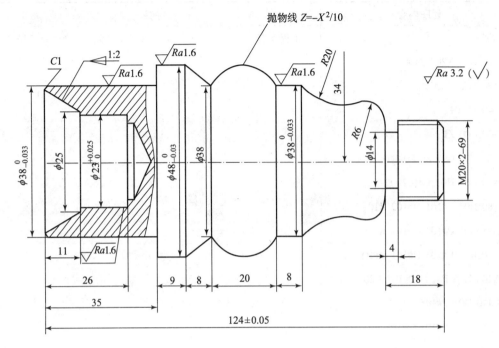

图 5.7　抛物线轴

一、A 类型宏程序（FANUC 系统）

如图 5.8 所示的抛物线，方程为 $Z = -X^2/20$，工件坐标系如图 5.8 所示，抛物线顶点为工件坐标系的原点，设刀尖在参考点上与工件系统原点的距离为 $X = 400\,\text{mm}$，$Z = 400\,\text{mm}$。采用线段逼近法编制程序。

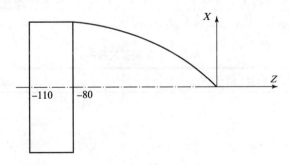

图 5.8　抛物线

采用 A 类型宏程序编写的数控加工程序见表 5.12。

表 5.12　A 类型宏程序

程序内容	注释
O0506	主程序名
N20 G00 X200 Z400;	
N30 M03 S600;	
N40 T0101;	
N50 G00 Z1;	
N60 G01 G99 Z0 F0.05;	
N70 G65 H01 P#102 Q0;	
N80 H02 P#101 Q#102 R10;	
N85 H05 P#101 Q#102 R2;	
N90 H04 P#103 Q#101 R#101;	
N100 H05 P#104 P#103 Q20;	
N110 H01 P#105 Q−#104;	
N115 H04 P#101 Q#101 R2;	
N120 G01 X#101 Z#105;	
N130 G65 H01 P#102 Q#101;	
N140 H82 P80 Q#105 R−80;	
N150 G01 Z−110;	
N160 G00 X200 Z400 T0101 M05;	
N170 M30;	

二、B 类型宏程序（FANUC 系统）

采用 B 类型宏程序，编写如图 5.8 所示抛物线的数控加工程序，见表 5.13。程序中工件坐标系、工件坐标系的原点及刀尖位置的设置同用 A 类型宏程序编写程序时一致，也采用线段逼近法编制程序。

表 5.13　B 类型宏程序

程序内容	注释
O0507	主程序名
N10 G00 X200 Z400;	
N20 M03 S700;	
N30 T1010;	
N40 G42 G00 X0 Z3;	
N50 G99 G01 F0.05;	

任务 11 抛物线轴的编程与加工

续表

程序内容	注释
N60 G65 P0508 A0.01 B2 C20 D-80 E0 F0.03；	调用加工抛物线的子程序，步距为 0.01mm，直径编程
N70 G01 Z-110 F0.5；	
N80 G40 G00 X200 Z400 T1000 M05；	
N90 M02；	
子程序	
P0508；	子程序号
N10 #6 = #8；	赋初始值
N20 #10 = #6 + #1；	加工步距（直径编程）
N30 #11 = #10/#2；	求半径（方程中的 X）
N40 #15 = #11 * #11；	求半径的平方（方程中的 X^2）
N50 #20 = #15/#3；	求 $X^2/20$；
N60 #25 = -#20；	求 $-X^2/20$；
N70 #12 = #11 * #2；	求 $2X$（直径）
N80 G99 G01 X#12 Z#25 F#9；	走直线进行加工
N90 #6 = #10；	变换动点
N100 IF［#25 GT#7］GOTO20；	终点判别
N110 M99；	子程序结束

任务实施

一、制定抛物线轴零件加工工作流程

①零件图技术要求分析。
②确定装夹方案和定位基准。
③选择刀具及切削用量。
④确定加工工艺路线。
⑤计算坐标点。
⑥编写数控加工程序。
⑦领用工具。
⑧打开机床电源。
⑨返回机床参考点。

⑩手动进行 X、Z 轴的移动。
⑪装夹工件毛坯。
⑫装夹刀具并校正。
⑬对车刀进行对刀。
⑭输入程序并进行编辑、修改。
⑮零件首件试切。
⑯检测零件及校正刀偏值。
⑰切断机床电源。
⑱检查与评价。

二、抛物线轴零件加工工作条件准备

①机床设备：FANUC 数控机床数台。
②刀具类：中心钻、钻头、镗孔刀、外圆车刀、切槽刀和外螺纹车刀。
③量具类：游标卡尺、内测千分尺和外径千分尺等。
④工艺装备类：各类扳手及通用夹紧元件等。
⑤手册类：各类刀具手册、各类数控系统手册、相关机床操作手册和工艺手册等。
⑥模拟软件类：上海宇龙仿真模拟软件和南京宇航仿真模拟软件等。
⑦辅助工具：通用计算机。
⑧工件材料：45 钢棒料。

三、抛物线轴零件工艺分析与程序编写

1. 零件图技术要求分析

该零件长度为 124mm，最大回转直径为 48mm，成形轮廓结构形状较复杂，主要包括圆柱面、内孔、内圆锥面、圆弧面、沟槽、螺纹和抛物线曲面等。加工时，需要两头加工。

重要的径向加工部位有 $\phi 38_{-0.033}^{0}$ mm 圆柱段（$Ra = 1.6$um）、$\phi 48_{-0.033}^{0}$ mm 圆柱段（$Ra = 1.6$um）、R6mm 圆弧与 R20mm 圆弧相切过渡区、$\phi 38_{-0.033}^{0}$ mm 圆柱段（与 R20mm 圆弧相连）、轨迹为 $Z = -X^2/10$ 的抛物线曲面、$\phi 23_{0}^{+0.025}$ mm 的内孔（$Ra = 1.6$um）、长径比为 1:2 的内锥（小端直径为 $\phi 25$mm）、M20 × 2 - 6g 三角形外螺纹，其余表面粗糙度均为 Ra 3.2um。零件重要的轴向加工部位为内孔部分，零件的其他轴向加工部位也应根据尺寸精度进行加工。

零件材料为 45 钢，毛坯规格为 $\phi 50$mm × 124mm。

2. 加工方案

（1）装夹方案

使用三爪自定心卡盘夹持零件的毛坯外圆，确定零件伸出合适的长度（应将机床的限位距离考虑进去）。零件需要加工两端，因此需要考虑两次装夹的位置，考虑到左端 $\phi 38$mm × 35mm 的台阶可以用来装夹，因此先加工左端，然后掉头夹住 $\phi 38$mm × 35mm 的台阶加工右端。

（2）定位基准

任务 11　抛物线轴的编程与加工

零件的定位基准选择：加工左端时选择在毛坯外圆柱段的右端外圆表面，加工右端时选择在 $\phi 38_{-0.033}^{\ 0}$ mm 外圆柱段的表面，以体现定位基准是轴的中心线。

（3）位置点

1）换刀点

零件原点设在零件的右端面，为防止换刀时刀具与零件或尾座相碰，换刀点可以设置在（$X100$，$Z100$）的位置。

2）起刀点

零件材料的毛坯尺寸为 $\phi50\text{mm}\times124\text{mm}$，为减少循环加工的次数，循环的起刀点可以设置在（$X51$，$Z2$）的位置。

3. 确定加工工艺路线

①夹紧零件毛坯，伸出卡盘 50mm，加工左端。
②钻孔 $\phi20$mm，深度约为 26mm。
③粗、精加工内孔至要求尺寸。
④粗车零件左端外轮廓。
⑤精车零件左端外轮廓，利用外径千分尺保证尺寸精度要求。
⑥掉头装夹，使用铜皮夹紧 $\phi38\text{mm}\times35\text{mm}$ 外圆，校正，加工右端。
⑦粗车零件的右端外轮廓。
⑧精车零件的右端外轮廓，利用外径千分尺保证尺寸精度要求。
⑨切槽 $4\text{mm}\times2\text{mm}$ 至要求尺寸。
⑩车削零件的 $M20\times2$ 三角形外螺纹，利用螺纹千分尺或螺纹环规保证精度要求。
⑪检测、校核。

4. 数值计算

（1）设定编程原点

以工件右端面与主轴轴线的交点为编程原点建立工件坐标系。

（2）计算各基点位置坐标值

零件尺寸如图 5.9 所示。

1）$R6\text{mm}$、$R20\text{mm}$ 两段圆弧切点坐标计算

作辅助线如图 5.9 所示，两三角形为相似三角形，运用相似三角形对应边成比例求未知边。将 $AB=26\text{mm}$、$CB=6.923\text{mm}$ 代入，得 $AC=25.061\text{mm}$。

因相似三角形对应边成比例，故 $DE/AC=DB/AB$，将 $DB=6\text{mm}$、$AB=26\text{mm}$、$AC=25.061\text{mm}$ 代入，得两段圆弧切点坐标为（$X29.44$，$Z-25.6$）。

2）圆锥大端直径计算

由公式 $C=(D-d)/L$ 计算出 $D=30\text{mm}$。

3）螺纹尺寸计算

螺纹大径：$d=19.85$ mm；
螺纹小径：$d_1=d-1.0825P=20-1.0825\times2=17.835$（mm）；
螺纹中径：$d_2=d-0.6495P=20-0.6495\times2=18.701$（mm）。

5. 编写数控加工程序

用 FANUC 数控系统编写的抛物线轴左端、右端数控加工程序见表 5.14 和表 5.15。

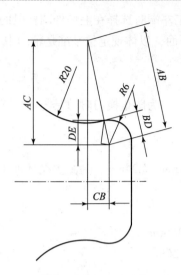

图 5.9 零件尺寸计算

表 5.14 抛物线轴左端数控加工程序

程序内容	注释
O0509	主程序名
N10 G97 M03 S600 G00 X100 Z100;	加工左端
N20 T0101;	
N30 G00 X20 Z2.0;	
N40 G71 U1 R0.5;	
N50 G71 P60 Q120 U-0.5 W0.1 F0.2;	
N60 G41 G00 X32;	
N70 G01 Z0 F0.1;	
N80 X30 Z-1;	
N90 X25 Z-11;	
N100 X23;	
N110 Z-26;	
N120 X21;	
N130 G00 X100 Z100;	
N140 M05;	
N150 M00;	
N160 M03 S1000;	
N170 G00 X51 Z2;	

续表

程序内容	注释
N180 G70 P60 Q120 F0.1;	
N190 G00 X100 Z100;	
N200 M05;	
N210 M00;	
N220 T0202;	
N230 M03 S500;	
N240 G00 X51 Z2;	
N250 G71 U2 R1;	
N260 G71 P270 Q330 U0.5 W0.1 F0.2;	
N270 G00 X36;	
N280 G01 Z0 F0.1;	
N290 X38 Z-1;	
N300 Z-35;	
N310 X48;	
N320 Z-46;	
N330 X50;	
N340 G00 X100 Z100;	
N350 M05;	
N360 M00;	
N370 M03 S1000;	
N380 G00 X51 Z2;	
N390 G70 P270 Q330 F0.1;	
N400 G00 X100 Z100;	
N410 M05;	
N420 M30;	

表 5.15 抛物线轴右端数控加工程序

程序内容	注释
O0510	主程序名
N10 G97 M03 S500 G00 X100 Z100;	加工右端（掉头夹住 $\phi38mm \times 35mm$ 的台阶，要求包铜皮）
N20 T0101;	
N30 G00 X51 Z2;	

续表

程序内容	注释
N40 G73 U17 R8;	
N50 G73 P60 Q210 U0.5 W0.1 F0.3;	
N60 G00 X15.8;	
N70 G01 Z0 F0.1;	
N80 X19.8 Z-2.0;	
N90 Z-18;	
N100 G03 X29.44 Z-25.6 R6;	
N110 G02 X38 Z-44 R20;	
N120 G01 Z-52;	
N130 #101 = -52;	
N140 #102 = #101 + 62;	
N150 #103 = -[#102]*[#102]/[10]+48;	
N160 G01 X[#103] Z[#101];	
N170 #101 = #101 - 1;	
N180 IF [#101GE-72] GOTO 140;	
N190 G01 X38 Z-72 F0.1;	
N200 G01 X48 Z-80;	
N210 X50;	
N220 G00 X100 Z100;	
N230 M05;	
N240 M00;	
N250 T0101;	
N260 M03 S1000;	
N270 G00 X51 Z2;	
N280 G70 P60 Q210;	
N290 G00 X100 Z100;	
N300 M05;	
N310 M00;	
N320 T0202;	
N330 M03 S350;	
N340 G00 Z18;	
N350 X22;	

续表

程序内容	注释
N360 G01 X16 F0.1；	
N370 G00 X100；	
N380 Z100；	
N390 M05；	
N400 M00；	
N410 T0303；	
N420 M03 S400；	
N430 G00 X21 Z2；	
N440 G92 X19.5 Z-16. F2.0；	
N450 X19；	
N460 X18.5；	
N470 X18；	
N480 X17.835；	
N490 X17.835；	
N500 G00 X100 Z100；	
N510 M05；	
N520 M30；	

四、抛物线轴加工

1. 领用工具

领用的刀具清单见表5.16。

表5.16 刀具清单

零件名称		抛物线轴		零件图号		5.7	
序号	刀具号	刀具名称及规格	刀尖半径R /mm	刀尖位置T	数量	加工表面	备注
1		中心钻			1	左端面	手动
2		φ20mm 钻头			1	钻孔	手动
3	T0101	镗孔刀	0.1	3mm	1	镗孔	
4	T0202	35°右偏外圆车刀	0.2	2mm	1	粗、精车外轮廓	
5	T0303	切槽刀	B=4		1	切槽	左刀尖
6	T0404	60°外螺纹车刀	0.2	0	1	三角形螺纹	

2. 制定工序卡

制定的工序卡见表 5.17。

表 5.17 工序卡

材料	45 钢	零件图号	5.7	系统	FANUC	工序号	
程序名		机床设备	数控车床	夹具名称	三爪自定心卡盘		
操作序号	工步内容 (走刀路线)		G 功能	T 刀具	切削用量		
					转速 S /($r \cdot min^{-1}$)	进给量 f /($mm \cdot r^{-1}$)	背吃刀量 a_p /mm
1	中心钻				1 200		3
2	钻孔		G81		500		25
3	粗车零件左端内轮廓		G71	T0101	600	0.2	1
4	精车零件左端内轮廓		G70	T0101	1 000	0.1	0.5
5	粗车零件左端外轮廓		G71	T0202	500	0.2	2
6	精车零件左端外轮廓		G70	T0202	1 000	0.1	0.5
7	粗车零件右端外轮廓		G73	T0202	500	0.2	2
8	精车零件右端外轮廓		G70	T0202	1 000	0.1	0.5
9	切 4mm×2mm 退刀槽		G01	T0202	350	0.05	2
10	车削 M20×2 外螺纹		G92	T0303	800		
11	检测、校核						

3. 抛物线轴加工步骤

（1）开机

按正确的开机步骤开机。开机后，各坐标轴手动返回机床原点。

（2）刀具安装

根据加工要求选择车刀，并逐把安装到刀架上。

（3）清洁工作台，安装夹具和工件

将工件装在三爪卡盘上。

（4）对刀设定工件坐标系

试切对刀建立加工坐标系。

（5）设置刀具补偿值

以基准刀为基准，将刀具间的补偿值输入到刀具补偿中。

（6）输入加工程序

将编写好的加工程序通过手动输入或数据线传输到机床数控系统的内存中。

（7）调试加工程序

通过空运行和单段方式检验并调试程序，根据试切尺寸修改程序或修正刀具补偿值。

（8）自动加工

机床加工时，适当调整主轴转速和进给速度，并注意监控加工状态，保证加工正常。

(9) 工件检测

取下工件，对相关尺寸进行尺寸检测。

(10) 清理加工现场，关机

清理加工现场，按正确的关机步骤关机。

五、检查评估

加工完成后对零件进行去毛刺处理，并对照图纸进行尺寸检测，零件检测的评分见表 5.18。要求同学们自检后互检，一起讨论加工的工艺是否合理、零件是否达标，并对存在的问题进行评估。

表 5.18 评分表

零件名称		抛物线轴		零件图号		5.7	
检测项目		技术要求	配分	评分标准	实测结果	扣分	得分
外圆	1	$\phi 48_{-0.033}^{\ 0}$ mm, $Ra = 1.6 \mu m$	6, 3	超差 0.01 扣 3 分，降级无分			
	2	$\phi 38_{-0.033}^{\ 0}$ mm, $Ra = 1.6 \mu m$	6, 3	超差 0.01 扣 3 分，降级无分			
	3	$\phi 38_{-0.033}^{\ 0}$ mm, $Ra = 1.6 \mu m$	6, 3	超差 0.01 扣 3 分，降级无分			
内孔	4	$\phi 23_{\ 0}^{+0.025}$ mm, $Ra = 1.6 \mu m$	6, 3	超差 0.01 扣 3 分，降级无分			
螺纹	5	M20mm × 2mm, 大径 $Ra = 3.2 \mu m$	4, 2	超差无分，降级无分			
	6	M20mm × 2mm, 中径 $Ra = 3.2 \mu m$	4, 2	超差无分，降级无分			
	7	M20mm × 2mm, 牙型角	6	不符无分			
	8	M20mm × 2mm, 小径 $Ra = 3.2 \mu m$	4, 2	超差无分，降级无分			
沟槽	9	4mm × 2mm, $Ra = 3.2 \mu m$	2, 2	超差无分，降级无分			
圆弧	10	R20mm, $Ra = 3.2 \mu m$	2, 2	不符无分，降级无分			
	11	R6mm, $Ra = 3.2 \mu m$	2, 2	不符无分，降级无分			
倒角	12	2 × C2	1	不符无分			
	13	C1	1	不符无分			
	14	未注倒角 C0.5	1	不符无分			
内锥	15	锥角, $Ra = 3.2 \mu m$	4, 2	不符无分，降级无分			
抛物线	16	形状, $Ra = 3.2 \mu m$	6, 2	不符无分，降级无分			
其他	17	锐边倒钝去毛刺	2	不符无分			
	18	安全操作规程	—	违反一次扣 10 分			

续表

零件名称		抛物线轴		零件图号		5.7
检测项目		技术要求	配分	评分标准	实测结果	扣分	得分
长度	19	11mm	1	超差无分			
	20	18mm	1	超差无分			
	21	26mm	1	超差无分			
	22	35mm	1	超差无分			
	23	20mm	1	超差无分			
	24	124mm±0.05mm	4	超差无分			
总配分		100		总得分			

知识拓展

1. 数控车削零件的定位与装夹

（1）三爪定心卡盘

三爪定心卡盘是车床上应用最广泛的通用夹具，如图5.10所示，其适用于装夹圆形和正六边形截面的短工件。在使用过程中，三爪定心卡盘能自动定心，装夹方便迅速，但定心精度不高，一般误差为0.05~0.15 mm。其定心精度受卡盘本身制造精度和使用后磨损程度的影响，故工件上同轴度要求较高的表面，应尽可能在一次装夹中车出。卡爪的行程为10~100mm（工件过长需要用顶尖）。

 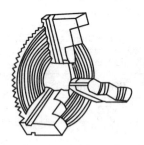

图5.10 三爪卡盘

（2）四爪单动卡盘

四爪单动卡盘的结构如图5.11所示，4个单动卡爪用扳手分别调整，因此适用于装夹方形、椭圆形等偏心或不规则形状的工件。四爪单动卡盘的夹紧力大，也可用于夹持尺寸较大的圆形工件。四爪单动卡盘夹持工件时，可根据工件的加工精度要求进行划线找正，以将工件调整至所需的加工位置，但精确找正很费时间，精度较低时用划针盘找正，精度高时可用百分表或千分表找正。

任务 11　抛物线轴的编程与加工

图 5.11　四爪单动卡盘

（3）在两顶尖之间装夹

对于长度尺寸较大或加工工序较多的轴类工件，为保证每次装夹的精度，可用两顶尖装夹。该装夹方式适用于多工序或精加工。

（4）用卡盘和顶尖装夹

车削质量较大工件时要一端用卡盘夹、一端用后顶尖支撑。为了防止工件由于切削力的作用而产生轴向位移，必须在卡盘内装限位支承或利用工件的台阶面限位，如图 5.12 所示。这种方法比较安全，能承受较大的轴向切削，刚性好，轴向定位准确，所以应用比较广泛。

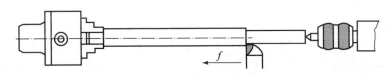

图 5.12　用工件的台阶面限位

（5）用双三爪自定心卡盘装夹

对于精度要求高、变形要求小的细长轴类零件可采用双主轴驱动式数控车床加工，机床两主轴轴线同轴、转动同步，零件两端同时分别由三爪自定心卡盘装夹并带动旋转，这样可以减小切时切削力矩引起的工件扭转变形。

2. 零件表面数控车削加工方案的确定

一般根据零件的加工精度、表面粗糙度、材料、结构形状、尺寸及生产类型确定零件表面的数控车削加工方法及加工方案。

（1）数控车削外回转表面及端面的加工方案的确定

①加工精度为 IT7~1T8 级、表面粗糙度为 $Ra0.8~1.6um$ 的除淬火钢以外的常用金属，可采用普通型数控车床，按粗车、半精车、精车的方案加工。

②加工精度为 IT5~IT6 级、表面粗糙度为 $Ra0.2~0.63um$ 的除淬火钢以外的常用金属，可采用精密型数控车床，按粗车、半精车、精车、细车的方案加工。

③加工精度高于 IT4 级、表面粗糙度为 $Ra<0.08um$ 的除淬火钢以外的常用金属，可采用高档精密型数控车床，按粗车、半精车、精车、精密车的方案加工。

④对淬火钢等难车削材料，其淬火前可采用粗车、半精车的方法，淬火后安排磨削加工；对最终工序有必要用数控车削方法加工的难切削材料，其具体加工方法和达到的精度及 Ra 值按难加工材料方法车削加工。

(2) 数控车削内回转表面加工方案的确定

①加工精度为 IT8~IT9 级、表面粗糙度为 Ra1.6~3.2um 的除淬火钢以外的常用金属，可采用普通型数控车床，按粗车、半精车、精车的方案加工。

②加工精度为 IT6~IT7 级、表面粗糙度为 Ra0.2~0.63um 的除淬火钢以外的常用金属，可采用精密型数控车床，按粗车、半精车、精车、细车的方案加工。

③加工精度为 IT5 级、表面粗糙度为 Ra<0.2um 的除淬火钢以外的常用金属，可采用高档精密型数控车床，按粗车、半精车、精车、精密车的方案加工。

④对淬火钢等难车削材料，同样其淬火前可采用粗车、半精车的方法，淬火后安排磨削加工；对最终工序有必要用数控车削方法加工的难切削材料，其具体加工方法和达到的精度及 Ra 见难加工材料车削加工的有关工艺。

3. 数控加工余量、工序尺寸及公差的确定

(1) 数控车削加工余量的确定

数控车削加工余量的确定通常有三种方法，即查表修正法、经验估算法和分析计算法。在确定加工余量时，总加工余量（毛坯余量）和工序余量要分别确定。总加工余量的大小与所选择的毛坯制造精度有关。用查表修正法确定工序余量时，粗加工工序的加工余量不能用查表修正法确定，而要由总加工余量减去其他各工序余量之和而获得。

(2) 数控车削加工工序尺寸及公差的确定

当工序基准、测量基准、定位基准或编程原点与设计基准重合时，工序尺寸及其公差直接由各道工序的加工余量和所能达到的精度确定。其计算方法是由最后一道工序开始向前推算的，具体步骤如下：

①确定毛坯总余量和工序余量。

②确定工序公差。最终工序尺寸公差等于零件图上设计尺寸公差，其余工序尺寸公差按经济精度确定。

③计算工序基本尺寸。从零件图上的设计尺寸开始向前推算，直至毛坯尺寸。最终工序基本尺寸等于零件图上的基本尺寸，其余工序基本尺寸等于后道工序基本尺寸加上或减去后道工序余量。

④标注工序尺寸公差。最后一道工序的公差按零件图上设计尺寸标注，中间工序尺寸公差按"入体原则"标注，毛坯尺寸公差按双向标注。

当工序基准、测量基准、定位基准或编程原点与设计基准不重合时，工序尺寸及其公差需要借助于工艺尺寸链的基本知识和计算方法，通过解工艺尺寸链来确定。

习题训练

1. 调头加工零件时，零件伸出部分应采用何种装夹方式？
2. 零件粗加工余量较大时，应如何设置切削用量来有效提高生产效率？
3. A 类型宏程序与 B 类型宏程序有何异同？
4. 编制如图 5.13 所示抛物线轴的数控加工工艺及程序，并上机操作加工。要求如下：

任务 11　抛物线轴的编程与加工

(1) 计算出图 5.13 中标出的各节点坐标值。
(2) 列出所用的刀具和确定的切削参数。
(3) 编制出加工程序。

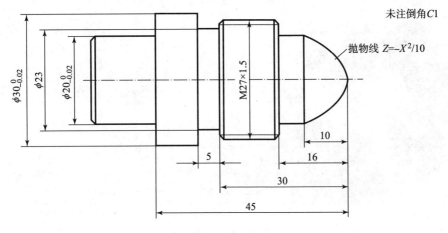

图 5.13　抛物线轴

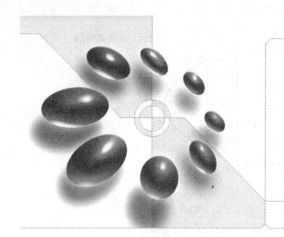

附　录

附录Ⅰ　数控车工国家职业标准

1　职业概况

1.1　职业名称
数控车工。

1.2　职业定义
从事编制数控加工程序并操作数控车床进行零件车削加工的人员。

1.3　职业等级
本职业共设四个等级，分别为：中级（国家职业资格四级）、高级（国家职业资格三级）、技师（国家职业资格二级）和高级技师（国家职业资格一级）。

1.4　职业环境
室内、常温。

1.5　职业能力特征
具有较强的计算能力和空间感，形体知觉及色觉正常，手指、手臂灵活，动作协调。

1.6　基本文化程度
高中毕业（或同等学力）。

1.7　培训要求

1.7.1　培训期限
全日制职业学校教育，根据其培养目标和教学计划确定。晋级培训期限：中级不少于 400 标准学时；高级不少于 300 标准学时；技师不少于 200 标准学时；高级技师不少于 200

标准学时。

1.7.2 培训教师

培训中，高级人员的教师应取得本职业技师及以上职业资格证书或相关专业中级及以上专业技术职称任职资格；培训技师的教师应取得本职业高级技师职业资格证书或相关专业高级专业技术职称任职资格；培训高级技师的教师应取得本职业高级技师职业资格证书2年以上或取得相关专业高级专业技术职称任职资格2年以上。

1.7.3 培训场地设备

满足教学要求的标准教室、计算机机房和配套的软件、数控车床和必要的刀具、夹具、量具及辅助设备等。

1.8 鉴定要求

1.8.1 适用对象

从事或准备从事本职业的人员。

1.8.2 申报条件

——中级（具备以下条件之一者）：

（1）经本职业中级正规培训达规定标准学时数，并取得结业证书。

（2）连续从事本职业工作5年以上。

（3）取得经劳动保障行政部门审核认定的，以中级技能为培养目标的中等以上职业学校本职业（或相关专业）毕业证书。

（4）取得相关职业中级职业资格证书后，连续从事本职业2年以上。

——高级（具备以下条件之一者）：

（1）取得本职业中级职业资格证书后，连续从事本职业工作2年以上，经本职业高级正规培训达到规定标准学时数，并取得结业证书。

（2）取得本职业中级职业资格证书后，连续从事本职业工作4年以上。

（3）取得劳动保障行政部门审核认定的，以高级技能为培养目标的职业学校本职业（或相关专业）毕业证书。

（4）大专以上本专业或相关专业毕业生，经本职业高级正规培训，达到规定标准学时数，并取得结业证书。

——技师（具备以下条件之一者）：

（1）取得本职业高级职业资格证书后，连续从事本职业工作4年以上，经本职业技师正规培训达规定标准学时数，并取得结业证书。

（2）取得本职业高级职业资格证书的职业学校本职业（专业）毕业生，连续从事本职业工作2年以上，经本职业技师正规培训达规定标准学时数，并取得结业证书。

（3）取得本职业高级职业资格证书的本科（含本科）以上本专业或相关专业的毕业生，连续从事本职业工作2年以上，经本职业技师正规培训达规定标准学时数，并取得结业证书。

——高级技师：

（1）取得本职业技师职业资格证书后，连续从事本职业工作4年以上，经本职业高级技师正规培训达规定标准学时数，并取得结业证书。

1.8.3 鉴定方式

分为理论知识考试和技能操作考核。理论知识考试采用闭卷方式，技能操作（含软件应用）考核采用现场实际操作和计算机软件操作方式。理论知识考试和技能操作（含软件应用）考核均实行百分制，成绩皆达 60 分及以上者为合格。技师和高级技师还需进行综合评审。

1.8.4 考评人员与考生配比

理论知识考试考评人员与考生配比为 1:15，每个标准教室不少于 2 名相应级别的考评员；技能操作（含软件应用）考核考评员与考生配比为 1:2，且不少于 3 名相应级别的考评员；综合评审委员不少于 5 人。

1.8.5 鉴定时间

理论知识考试为 120 分钟，技能操作考核中实操时间为：中级、高级不少于 240 分钟，技师和高级技师不少于 300 分钟，技能操作考核中软件应用考试时间为不超过 120 分钟，技师和高级技师的综合评审时间不少于 45 分钟。

1.8.6 鉴定场所设备

理论知识考试在标准教室里进行，软件应用考试在计算机机房进行，技能操作考核在配备必要的数控车床及必要的刀具、夹具、量具和辅助设备的场所进行。

2 基本要求

2.1 职业道德

2.1.1 职业道德基本知识

2.1.2 职业守则

（1）遵守国家法律、法规和有关规定。
（2）具有高度的责任心及爱岗敬业和团结合作意识。
（3）严格执行相关标准、工作程序与规范、工艺文件和安全操作规程。
（4）学习新知识新技能，勇于开拓和创新。
（5）爱护设备、系统及工具、夹具、量具。
（6）着装整洁，符合规定；保持工作环境清洁有序，文明生产。

2.2 基础知识

2.2.1 基础理论知识

（1）机械制图。
（2）工程材料及金属热处理知识。
（3）机电控制知识。
（4）计算机基础知识。
（5）专业英语基础。

2.2.2 机械加工基础知识

（1）机械原理。
（2）常用设备知识（分类、用途、基本结构及维护保养方法）。
（3）常用金属切削刀具知识。

(4) 典型零件加工工艺。
(5) 设备润滑和冷却液的使用方法。
(6) 工具、夹具、量具的使用与维护知识。
(7) 普通车床、钳工基本操作知识。

2.2.3 安全文明生产与环境保护知识
(1) 安全操作与劳动保护知识。
(2) 文明生产知识。
(3) 环境保护知识。

2.2.4 质量管理知识
(1) 企业的质量方针。
(2) 岗位质量要求。
(3) 岗位质量保证措施与责任。

2.2.5 相关法律、法规知识
(1) 劳动法的相关知识。
(2) 环境保护法的相关知识。
(3) 知识产权保护法的相关知识。

3 工作要求

本标准对中级、高级、技师和高级技师的技能要求依次递进，高级别涵盖低级别的要求。

3.1 中级（见附表1）

附表1

职业功能	工作内容	技能要求	相关知识
一、加工准备	（一）读图与绘图	1. 能读懂中等复杂程度（如：曲轴）的零件图； 2. 能绘制简单的轴、盘类零件图； 3. 能读懂进给机构、主轴系统的装配图	1. 复杂零件的表达方法； 2. 简单零件图的画法； 3. 零件三视图、局部视图和剖视图的画法； 4. 装配图的画法
	（二）制定加工工艺	1. 能读懂复杂零件的数控车床加工工艺文件； 2. 能编制简单（轴、盘）零件的数控加工工艺文件	数控车床加工工艺文件的制定
	（三）零件定位与装夹	1. 能使用通用卡具（如三爪卡盘、四爪卡盘）进行零件装夹与定位	1. 数控车床常用夹具的使用方法； 2. 零件定位、装夹的原理和方法
	（四）刀具准备	1. 能够根据数控加工工艺文件选择、安装和调整数控车床常用刀具； 2. 能够刃磨常用车削刀具	1. 金属切削与刀具磨损知识； 2. 数控车床常用刀具的种类、结构和特点； 3. 数控车床、零件材料、加工精度和工作效率对刀具的要求

续表

职业功能	工作内容	技能要求	相关知识
二、数控编程	（一）手工编程	1. 能编制由直线、圆弧组成的二维轮廓数控加工程序； 2. 能编制螺纹加工程序； 3. 能够运用固定循环、子程序进行零件的加工程序编制	1. 数控编程知识； 2. 直线插补和圆弧插补的原理； 3. 坐标点的计算方法
	（二）计算机辅助编程	1. 能够使用计算机绘图设计软件绘制简单（轴、盘、套）零件图； 2. 能够利用计算机绘图软件计算节点	计算机绘图软件（二维）的使用方法
三、数控车床操作	（一）操作面板	1. 能够按照操作规程启动及停止机床； 2. 能使用操作面板上的常用功能键（如回零、手动、MDI、修调等）	1. 熟悉数控车床操作说明书； 2. 数控车床操作面板的使用方法
	（二）程序输入与编辑	1. 能够通过各种途径（如DNC、网络等）输入加工程序； 2. 能够通过操作面板编辑加工程序	1. 数控加工程序的输入方法； 2. 数控加工程序的编辑方法； 3. 网络知识
	（三）对刀	1. 能进行对刀并确定相关坐标系； 2. 能设置刀具参数	1. 对刀的方法； 2. 坐标系的知识； 3. 刀具偏置补偿、半径补偿与刀具参数的输入方法
	（四）程序调试与运行	能够对程序进行校验、单步执行、空运行并完成零件试切	程序调试的方法
四、零件加工	（一）轮廓加工	1. 能进行轴、套类零件加工，并达到以下要求： （1）尺寸公差等级：IT6； （2）形位公差等级：IT8； （3）表面粗糙度：$Ra1.6\mu m$。 2. 能进行盘类、支架类零件加工，并达到以下要求： （1）轴径公差等级：IT6； （2）孔径公差等级：IT7； （3）形位公差等级：IT8； （4）表面粗糙度：$Ra1.6\mu m$	1. 内外径的车削加工方法和测量方法； 2. 形位公差的测量方法； 3. 表面粗糙度的测量方法
	（二）螺纹加工	能进行单线等节距的普通三角螺纹、锥螺纹的加工，并达到以下要求： （1）尺寸公差等级：IT6~IT7级； （2）形位公差等级：IT8； （3）表面粗糙度：$Ra1.6\mu m$	1. 常用螺纹的车削加工方法 2. 螺纹加工中的参数计算

续表

职业功能	工作内容	技能要求	相关知识
四、零件加工	（三）槽类加工	能进行内径槽、外径槽和端面槽的加工，并达到以下要求： （1）尺寸公差等级：IT8； （2）形位公差等级：IT8； （3）表面粗糙度：$Ra3.2\mu m$	内、外径槽和端槽的加工方法
	（四）孔加工	能进行孔加工，并达到以下要求： （1）尺寸公差等级：IT7； （2）形位公差等级：IT8； （3）表面粗糙度：$Ra3.2\mu m$	孔的加工方法
	（五）零件精度检验	能够进行零件的长度、内外径、螺纹、角度精度检验	1. 通用量具的使用方法； 2. 零件精度检验及测量方法
五、数控车床维护与精度检验	（一）数控车床日常维护	能够根据说明书完成数控车床的定期及不定期维护保养，包括：机械、电、气、液压、数控系统检查和日常保养等	1. 数控车床说明书； 2. 数控车床日常保养方法； 3. 数控车床操作规程； 4. 数控系统（进口与国产数控系统）使用说明书
	（二）数控车床故障诊断	1. 能读懂数控系统的报警信息； 2. 能发现数控车床的一般故障	1. 数控系统的报警信息； 2. 机床的故障诊断方法
	（三）机床精度检查	能够检查数控车床的常规几何精度	数控车床常规几何精度的检查方法

3.2 高级（见附表2）

附表2

职业功能	工作内容	技能要求	相关知识
一、加工准备	（一）读图与绘图	1. 能够读懂中等复杂程度（如：刀架）的装配图； 2. 能够根据装配图拆画零件图； 3. 能够测绘零件	1. 根据装配图拆画零件图的方法； 2. 零件的测绘方法
	（二）制定加工工艺	能编制复杂零件的数控车床加工工艺文件	复杂零件数控加工工艺文件的制定
	（三）零件定位与装夹	1. 能选择和使用数控车床组合夹具和专用夹具； 2. 能分析并计算车床夹具的定位误差； 3. 能够设计与自制装夹辅具（如心轴、轴套、定位件等）	1. 数控车床组合夹具和专用夹具的使用、调整方法； 2. 专用夹具的使用方法； 3. 夹具定位误差的分析与计算方法

续表

职业功能	工作内容	技能要求	相关知识
一、加工准备	（四）刀具准备	1. 能够选择各种刀具及刀具附件； 2. 能够根据难加工材料的特点，选择刀具的材料、结构和几何参数； 3. 能够刃磨特殊车削刀具	1. 专用刀具的种类、用途、特点和刃磨方法； 2. 切削难加工材料时的刀具材料和几何参数的确定方法
二、数控编程	（一）手工编程	能运用变量编程编制含有公式曲线的零件数控加工程序	1. 固定循环和子程序的编程方法； 2. 变量编程的规则和方法
	（二）计算机辅助编程	能用计算机绘图软件绘制装配图	计算机绘图软件的使用方法
	（三）数控加工仿真	能利用数控加工仿真软件实施加工过程仿真以及加工代码检查、干涉检查、工时估算	数控加工仿真软件的使用方法
三、零件加工	（一）轮廓加工	能进行细长、薄壁零件加工，并达到以下要求： （1）轴径公差等级：IT6； （2）孔径公差等级：IT7； （3）形位公差等级：IT8； （4）表面粗糙度：$Ra1.6\mu m$	细长、薄壁零件加工的特点及装卡、车削方法
	（二）孔加工	能进行深孔加工，并达到以下要求： （1）尺寸公差等级：IT6； （2）形位公差等级：IT8； （3）表面粗糙度：$Ra1.6\mu m$	深孔的加工方法
	（三）配合件加工	能按装配图上的技术要求对套件进行零件加工和组装，配合公差达到：IT7级	套件的加工方法
	（四）螺纹加工	1. 能进行单线和多线等节距的T型螺纹、锥螺纹加工，并达到以下要求： （1）尺寸公差等级：IT6； （2）形位公差等级：IT8； （3）表面粗糙度：$Ra1.6\mu m$ 2. 能进行变节距螺纹的加工，并达到以下要求： （1）尺寸公差等级：IT6； （2）形位公差等级：IT7； （3）表面粗糙度：$Ra1.6\mu m$	1. T型螺纹、锥螺纹加工中的参数计算； 2. 变节距螺纹的车削加工方法
	（五）零件精度检验	1. 能够在加工过程中使用百（千）分表等进行在线测量，并进行加工技术参数的调整； 2. 能够进行多线螺纹的检验； 3. 能进行加工误差分析	1. 百（千）分表的使用方法； 2. 多线螺纹的精度检验方法； 3. 误差分析的方法

附录 I 数控车工国家职业标准

续表

职业功能	工作内容	技能要求	相关知识
四、数控车床维护与精度检验	（一）数控车床日常维护	1. 能判断数控车床的一般机械故障； 2. 能完成数控车床的定期维护保养	1. 数控车床机械故障和排除方法； 2. 数控车床液压原理和常用液压元件
	（二）机床精度检验	1. 能够进行机床几何精度检验； 2. 能够进行机床切削精度检验	1. 机床几何精度检验内容及方法； 2. 机床切削精度检验内容及方法

3.3 技师（见附表3）

附表3

职业功能	工作内容	技能要求	相关知识
一、加工准备	（一）读图与绘图	1. 能绘制工装装配图； 2. 能读懂常用数控车床的机械结构图及装配图	1. 工装装配图的画法； 2. 常用数控车床的机械原理图及装配图的画法
	（二）制定加工工艺	1. 能编制高难度、高精密、特殊材料零件的数控加工多工种工艺文件； 2. 能对零件的数控加工工艺进行合理性分析，并提出改进建议； 3. 能推广应用新知识、新技术、新工艺、新材料	1. 零件的多工种工艺分析方法； 2. 数控加工工艺方案合理性的分析方法及改进措施； 3. 特殊材料的加工方法； 4. 新知识、新技术、新工艺、新材料
	（三）零件定位与装夹	能设计与制作零件的专用夹具	专用夹具的设计与制造方法
	（四）刀具准备	1. 能够依据切削条件和刀具条件估算刀具的使用寿命； 2. 根据刀具寿命计算并设置相关参数； 3. 能推广应用新刀具	1. 切削刀具的选用原则； 2. 延长刀具寿命的方法； 3. 刀具新材料、新技术； 4. 刀具使用寿命的参数设定方法
二、数控编程	（一）手工编程	能够编制车削中心、车铣中心的三轴及三轴以上（含旋转轴）的加工程序	编制车削中心、车铣中心加工程序的方法
	（二）计算机辅助编程	1. 能用计算机辅助设计/制造软件进行车削零件的造型和生成加工轨迹； 2. 能够根据不同的数控系统进行后置处理并生成加工代码	1. 三维造型和编辑； 2. 计算机辅助设计/制造软件（三维）的使用方法
	（三）数控加工仿真	能够利用数控加工仿真软件分析和优化数控加工工艺	数控加工仿真软件的使用方法

续表

职业功能	工作内容	技能要求	相关知识
三、零件加工	（一）轮廓加工	1. 能编制数控加工程序车削多拐曲轴达到以下要求： （1）直径公差等级：IT6； （2）表面粗糙度：$Ra1.6\mu m$。 2. 能编制数控加工程序对适合在车削中心加工的带有车削、铣削等工序的复杂零件进行加工	1. 多拐曲轴车削加工的基本知识； 2. 车削加工中心加工复杂零件的车削方法
	（二）配合件加工	能进行两件（含两件）以上具有多处尺寸链配合的零件加工与配合	多尺寸链配合的零件加工方法
	（三）零件精度检验	能根据测量结果对加工误差进行分析并提出改进措施	精密零件的精度检验方法； 检具设计知识
四、数控车床维护与精度检验	（一）数控车床维护	1. 能够分析和排除液压和机械故障； 2. 能借助字典阅读数控设备的主要外文信息	1. 数控车床常见故障诊断及排除方法； 2. 数控车床专业外文知识
	（二）机床精度检验	能够进行机床定位精度、重复定位精度的检验	机床定位精度检验、重复定位精度检验的内容及方法
五、培训与管理	（一）操作指导	能指导本职业中级、高级进行实际操作	操作指导书的编制方法
	（二）理论培训	1. 能对本职业中级、高级和技师进行理论培训； 2. 能系统地讲授各种切削刀具的特点和使用方法	1. 培训教材的编写方法； 2. 切削刀具的特点和使用方法
	（三）质量管理	能在本职工作中认真贯彻各项质量标准	相关质量标准
	（四）生产管理	能协助部门领导进行生产计划、调度及人员的管理	生产管理基本知识
	（五）技术改造与创新	能够进行加工工艺、夹具、刀具的改进	数控加工工艺综合知识

3.4 高级技师（见附表4）

附表4

职业功能	工作内容	技能要求	相关知识
一、工艺分析于设计	（一）读图与绘图	1. 能绘制复杂工装装配图； 2. 能读懂常用数控车床的电气、液压原理图	1. 复杂工装设计方法； 2. 常用数控车床电气、液压原理图的画法

续表

职业功能	工作内容	技能要求	相关知识
一、工艺分析于设计	（二）制定加工工艺	1. 能对高难度、高精密零件的数控加工工艺方案进行优化并实施； 2. 能编制多轴车削中心的数控加工工艺文件； 3. 能够对零件加工工艺提出改进建议	1. 复杂、精密零件加工工艺的系统知识； 2. 车削中心、车铣中心加工工艺文件编制方法
	（三）零件定位与装夹	能对现有的数控车床夹具进行误差分析并提出改进建议	误差分析方法
	（四）刀具准备	能根据零件要求设计刀具，并提出制造方法	刀具的设计与制造知识
二、零件加工	（一）异形零件加工	能解决高难度（如十字座类、连杆类、叉架类等异形零件）零件车削加工的技术问题、并制定工艺措施	高难度零件的加工方法
	（二）零件精度检验	能够制定高难度零件加工过程中的精度检验方案	在机械加工全过程中影响质量的因素及提高质量的措施
三、数控车床维护与精度检验	（一）数控车床维护	1. 能借助字典看懂数控设备的主要外文技术资料； 2. 能够针对机床运行现状合理调整数控系统相关参数； 3. 能根据数控系统报警信息判断数控车床故障	1. 数控车床专业外文知识； 2. 数控系统报警信息
	（二）机床精度检验	能够进行机床定位精度、重复定位精度的检验	机床定位精度和重复定位精度的检验方法
	（三）数控设备网络化	能够借助网络设备和软件系统实现数控设备的网络化管理	数控设备网络接口及相关技术
四、培训与管理	（一）操作指导	能指导本职业中级、高级和技师进行实际操作	操作理论教学指导书的编写方法
	（二）理论培训	能对本职业中级、高级和技师进行理论培训	教学计划与大纲的编制方法
	（三）质量管理	能应用全面质量管理知识，实现操作过程的质量分析与控制	质量分析与控制方法
	（四）技术改造与创新	能够组织实施技术改造和创新，并撰写相应的论文。	科技论文撰写方法

4 比重表

4.1 理论知识（见附表5）

附表5 %

	项目	中级	高级	技师	高级技师
基本要求	职业道德	5	5	5	5
	基础知识	20	20	15	15
相关知识	加工准备	15	15	30	—
	数控编程	20	20	10	—
	数控车床操作	5	5	—	—
	零件加工	30	30	20	15
	数控车床维护与精度检验	5	5	10	10
	培训与管理	—	—	10	15
	工艺分析与设计	—	—	—	40
	合计	100	100	100	100

4.2 技能操作（见附表6）

附表6 %

	项目	中级	高级	技师	高级技师
机能要求	加工准备	10	10	20	—
	数控编程	20	20	30	—
	数控车床操作	5	5	—	—
	零件加工	60	60	40	45
	数控车床维护与精度检验	5	5	5	10
	培训与管理	—	—	5	10
	工艺分析与设计	—	—	—	35
	合计	100	100	100	100

附录Ⅱ 职业技能鉴定题库统一试卷（样卷）

中级数控车床操作工知识试卷

注意事项

1. 考试时间：120分钟。
2. 请首先按要求在试卷的标封处填写您的姓名、准考证号和所在单位的名称。
3. 请仔细阅读各种题目的回答要求，在规定的位置填写您的答案。
4. 不要在试卷上乱写乱画，不要在标封区填写无关的内容。

	第一部分	第二部分	第三部分	总分
得分				

得分	
评分人	

一、单项选择题（第1~60题。选择正确的答案，将相应的字母填入题内的括号中，每题1分，满分60分）

1. 图样中的轴线用（　　）线绘制。
   （A）粗实　　　（B）细点划　　　（C）点划　　　（D）细实
2. 当刀具前角增大时，切屑容易从前刀面流出，且变形小，因此（　　）。
   （A）增大切削力　（B）降低切削力　（C）切削力不变　（D）切削刃不锋利
3. 切削脆性材料时形成（　　）切屑。
   （A）带状　　　（B）挤裂　　　（C）崩碎　　　（D）节状
4. 刃磨刀具时，（　　）。
   （A）不能用力过大，以防打滑伤手
   （B）尽可能在砂轮侧面刃磨
   （C）应在选定位置上刃磨，不要做水平的左右移动
   （D）以上三者都是
5. 定位基准的选择原则有（　　）。
   （A）尽量使工件的定位基准与工序基准不重合
   （B）尽量用未加工表面作为定位基准
   （C）应使工件安装稳定，在加工过程中因切削力或夹紧力而引起的变形最大

(D) 采用基准统一原则

6. 对夹紧装置的要求有（　　）。
(A) 夹紧时，不要考虑工件定位时的既定位置
(B) 夹紧力允许工件在加工过程中小范围位置变化及振动
(C) 有良好的结构工艺性和使用性
(D) 要有较好的夹紧效果，无须考虑夹紧力的大小

7. 数控机床的环境温度应低于（　　）。
(A) 40℃　　　(B) 30℃　　　(C) 50℃　　　(D) 60℃

8. 加工中心的主轴在空间可作垂直和水平转换的称为（　　）加工中心。
(A) 立式　　　(B) 卧式　　　(C) 复合式　　　(D) 其他

9. 以下不属于滚珠丝杠的特点的有（　　）。
(A) 传动效率高　(B) 摩擦力小　(C) 传动精度高　(D) 自锁

10. 机床出现主轴噪声大的故障时，原因有（　　）。
(A) 缺少润滑　　　　　　　　(B) 主轴与电动机连接的皮带过紧
(C) 传动轴承损坏　　　　　　(D) 以上都有可能

11. 打开计算机的顺序是（　　）。
(A) 先开主机，后开外部设备　　(B) 先开主机，后开显示器
(C) 先开外部设备，后开主机　　(D) 以上皆错

12. 数控机床是计算机在（　　）方面的应用。
(A) 数据处理　(B) 数值计算　(C) 辅助设计　(D) 实时控制

13. ALTER 用于（　　）已编辑的程序号或程序内容。
(A) 插入　　　(B) 修改　　　(C) 删除　　　(D) 清除

14. TOOL CLAMP 表示（　　）。
(A) 刀具锁紧状态指示灯　　　(B) 换刀指示灯
(C) 主轴定位指示灯　　　　　(D) 刀具交换错误警示灯

15. 刀具长度补偿值和刀具径向补偿值都存储在（　　）中。
(A) 缓存器　　(B) 偏置寄存器　(C) 存储器　　(D) 硬盘

16. 下列（　　）指令不能设立工件坐标系。
(A) G54　　　(B) G92　　　(C) G55　　　(D) G91

17. 数控机床一般要求定位精度为（　　）。
(A) 0.01~0.001mm　　　　　(B) 0.02~0.001mm
(C) 0.01~0.001μm　　　　　(D) 0.02~0.001μm

18. 顺圆弧插补指令为（　　）。
(A) G04　　　(B) G03　　　(C) G02　　　(D) G01

19. CAN 键的作用是将储存在（　　）的文字或记号消除。
(A) 存储器　　(B) 缓冲器　　(C) 硬盘内　　(D) 寄存器

20. 位置检测元件装在伺服电动机尾部的是（　　）系统。
(A) 闭环　　　(B) 半闭环　　(C) 开环　　　(D) 三者均不是

21. 下列 G 代码中（　　）指令为模态 G 代码。

(A) G03　　　　(B) G27　　　　(C) G52　　　　(D) G92

22. 加工中心的加工精度靠（　　）保证。
(A) 机床本身结构的合理性和机床部件加工精度
(B) 控制系统的硬件．软件来补偿和修正
(C) (A) 与 (B)
(D) 以上都不是

23. 数控机床机械结构特点有（　　）。
①高刚度；②高抗振性；③低热变形；④高的进给平稳性
(A) ①③　　　(B) ①②④　　　(C) ①②③　　　(D) ①②③④

24. 机床的抗振性与（　　）有关。
(A) 刚度、振动　(B) 固有频率比　(C) 刚度比　　(D) 以上都是

25. 1/50mm 游标卡尺，游标（副尺）上 50 小格与尺身（主尺）上（　　）mm 对齐。
(A) 49　　　　(B) 39　　　　(C) 19　　　　(D) 59

26. 用百分表测量平面时，触头应与平面（　　）。
(A) 倾斜　　　(B) 垂直　　　(C) 水平　　　(D) 平行

27. 千分尺的制造精度分为 0 级和 1 级两种，0 级精度（　　）。
(A) 稍差　　　(B) 一般　　　(C) 最高　　　(D) 最差

28. 计算机中的 CPU 是（　　）的简称。
(A) 控制器　　(B) 中央处理器　(C) 运算器　　(D) 软盘驱动器

29. 使用滚动轴承，当载荷（　　）时，宜选用滚子轴承。
(A) 较小
(C) 较平稳
(B) 为较小的径向载荷
(D) 大而有冲击

30. 液压传动的特点有（　　）。
(A) 单位重量传递的功率较小　　(B) 不可作无级调速，变速、变向困难
(C) 易于实现远距离操作和自动控制　(D) 传动准确、效率高

31. 在切削用量中，影响切削温度的主要因素是（　　）。
(A) 切削深度　(B) 进给量　　(C) 切削速度　(D) 切削力

32. 在切削加工过程中，用于冷却的切削液是（　　）。
(A) 切削油　　(B) 水溶液　　(C) 乳化液　　(D) 煤油

33. 在尺寸链中某组成环增大而其他组成环不变，会使封闭环随之减少，则此组成环称为（　　）。
(A) 链环　　　(B) 增环　　　(C) 减环　　　(D) 补偿环

34. 任何一个被约束的物体，在空间具有进行（　　）种运动的可能性。
(A) 四　　　　(B) 五　　　　(C) 六　　　　(D) 七

35. 伺服系统是数控机床的（　　）机构。
(A) 编辑　　　(B) 执行　　　(C) 支承　　　(D) 加工

36. 在移动和定位过程中不能进行任何加工的机床属于（　　）控制数控机床。
(A) 点位　　　(B) 直线　　　(C) 连续　　　(D) 轮廓

37. 设有光栅 R 检测反馈装置的数控机床称为（　　）控制数控机床。

(A) 闭环　　　　(B) 半闭环　　　(C) 开环　　　　(D) 半开环

38. 主机、外存储器、输入输出设备属于计算机系统的（　　）。
(A) 部件　　　　(B) 软件　　　　(C) 硬件　　　　(D) 以上皆错

39. 加工中心与一般数控机床的显著区别是（　　）。
(A) 采用 CNC 数控系统　　　　　　(B) 操作简便
(C) 具有对零件进行多工序加工的能力　　(D) 加工精度高

40. 主轴轴线垂直设置的加工中心是（　　），适合加工盘类零件。
(A) 卧式加工中心　　　　　　　　(B) 立式加工中心
(C) 万能加工中心　　　　　　　　(D) 镗铣加工中心

41. 立式加工中心最适合切削 Z 轴方向尺寸相对（　　）的工件。
(A) 较小　　　　(B) 较大　　　　(C) 很小　　　　(D) 很大

42. 计算机辅助软件 Mastercam 是一套集（　　）于一体的模具加工软件。
(A) CAD 和 CAPP　　　　　　　　(B) CAPP 和 CMC
(C) CAD 和 CAM　　　　　　　　(D) CAM 和 CAPP

43. 加工用的 NC 程序是由（　　）生成。
(A) CPU　　　　(B) 微处理器　　(C) 存储器　　　(D) 以上皆错

44. 在用计算机辅助设计软件上进行辅助设计时生成的刀具轨迹属于（　　）文件。
(A) NC　　　　　(B) MC7　　　　(C) NCI　　　　(D) 以上皆错

45. 加工中心操作人员不允许（　　）操纵机床。
(A) 穿工作服　　(B) 戴手套　　　(C) 戴安全帽　　(D) 留短发

46. 下列形位公差项目中，属于形状公差的是（　　）。
(A) 直线度　　　(B) 全跳动　　　(C) 对称度　　　(D) 倾斜度

47. 英文缩写"CNC"是指（　　）。
(A) 计算机数字控制装置　　　　　(B) 可编程控制器
(C) 计算机辅助设计　　　　　　　(D) 主轴驱动装置

48. 加工中心主传动系统的特点有（　　）。
①转速高、功率大；②主轴转变换可靠，并能自动无级变速；
③主轴上设计有刀具自动装卸，主轴定向停止等装置
(A) ①②　　　　(B) ②③　　　　(C) ①②③　　　(D) 以上都不是

49. （　　）系统适用于大扭矩切削。
(A) 带有变速齿轮的主传动　　　　(B) 通过带传动的主传动
(C) 由主轴电动机直接驱动的主传动　(D) 以上都可以

50. 影响导轨导向精度的因素有（　　）。
①导轨的结构形式；②导轨的制造精度和装配质量；
③导轨和基础硬件的刚度；④导轨的重量
(A) ①③　　　　(B) ①②④　　　(C) ①②③　　　(D) ①②③④

51. 自动换刀装置应当满足的基本要求是（　　）。
(A) 换刀时间短　　　　　　　　　(B) 刀具重复定位精度高
(C) 有足够的刀具储存量，占地面积小　(D) 以上都是

52. 以下各类刀库中，结构简单、取刀方便，在中小型加工中心中应用最广泛的是（　　）。
   (A) 单盘式刀库　　(B) 链式刀库　　(C) 格子式刀库　　(D) 刺猬式刀库
53. 数控机床机械系统的日常维护中，需每天检查的有（　　）。
   (A) 导轨润滑油箱　(B) 滚珠丝杠　　(C) 液压油路　　(D) 润滑液压泵
54. 数控机床机械系统的日常维护中，需每天检查的有（　　）。
   (A) 润滑液压泵　　(B) 滚珠丝杠　　(C) 压缩空气压力　(D) 液压油路
55. 对于我国普通的数控系统，要求平均无故障时间为（　　）。
   (A) ≥10 000 小时　(B) ≥1 000 小时　(C) ≥100 小时　　(D) <1 000 小时
56. 有效度是指一台可维修的机床，在某一段时间内，维持其性能的概率。其计算方法为（　　）。
   (A) 平均修复时间/平均无故障时间　　(B) 平均无故障时间
   (C) 平均无故障时间/平均修复时间　　(D) 以上都不是
57. 标注尺寸的三个要素是尺寸线、尺寸界线和（　　）。
   (A) 箭头　　　　(B) 数字　　　　(C) 斜线　　　　(D) 尺寸数字
58. 滚珠丝杠运动不灵活，可能的故障原因有（　　）。
   ①轴向预加载荷太大；②丝杠与导轨不平行；③丝杠弯曲变形；④丝杠间隙过大
   (A) ③　　　　　(B) ②③　　　　(C) ①②③　　　　(D) ①②③④
59. 下列（　　）指令不能取消刀具补偿。
   (A) G49　　　　(B) G40　　　　(C) H00　　　　(D) G42
60. 用对刀仪静态测量的刀具尺寸与加工出的尺寸之间有一差值，影响这一差值的因素主要有（　　）。
   ①刀具和机床的精度和刚度；②冷却状况和冷却介质的性质；
   ③加工工件的材料和状况；④使用对刀仪的技巧熟练程度
   (A) ①④　　　　(B) ②③　　　　(C) ①②③　　　　(D) ①②③④

得分	
评分人	

二、判断题（第 61 ~ 75 题。将判断结果填入括号中，正确的填"√"，错误的填"×"，每题 1 分，满分 15 分）

61. （　　）在特殊情况下，允许出现封闭的尺寸链。
62. （　　）工件上，已经切去多余金属而形成的新表面，叫加工表面。
63. （　　）氧化铝砂轮适用于硬质合金刀具的刃磨。
64. （　　）定位基准的选择应使工件定位方便、夹紧可靠、操作顺手、夹具结构简单。
65. （　　）加工中心的编程者要掌握操作技术，而操作工无须熟悉编程也可以。
66. （　　）数控机床精度检查分为几何精度检查、定位精度检查和切削精度检查。
67. （　　）加工中心的主轴在空间处于垂直状态的称为立式加工中心。

68.（　　）在同样频率比下，机床系统的静刚度越大，阻尼比越大，动刚度越小。

69.（　　）滚珠丝杠副的正、反向间隙空行程量及丝杠的螺距误差，还可通过控制系统的参数设置加以补偿或消除。

70.（　　）机床的刚度是指机床在静载时抵抗变形的能力。

71.（　　）机床的抗振性与机床的刚度、激振与固有频率比及阻尼比等有关。

72.（　　）通过带传动的主传动只适用于低扭矩特性要求的主轴。

73.（　　）滚珠丝杠副具有传动频率高、摩擦力小等特点，但传动的精度不高，并且不能自锁。

74.（　　）数控机床的分度工作台能完成分度运动，也能完现圆周运动。

75.（　　）定侧间隙可自动补偿的调整机构传动刚度好，能传递的转矩较大。

得分	
评分人	

三、编程题（满分 25 分）

加工如下图所示零件，试编写其加工程序。

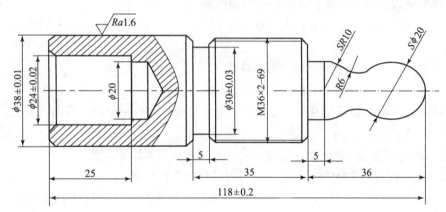

技术要求：

1. 未注倒角 C2。
2. 材料为 45 钢。

参 考 文 献

[1] 顾京. 数控加工编程及操作［M］. 北京：高等教育出版社，2002.
[2] 黎震，管嫦娥. 数控机床操作实训［M］. 北京：理工大学出版社，2010.
[2] 胡协忠，朱勤惠. 数控车工（FANUC 系统）［M］. 北京：化学工业出版社，2008.
[3] 沈建峰，黄俊刚. 数控铣床/加工中心技有鉴定［M］. 北京：化学工业出版社，2007.
[4] 朱明松，王翔. 数控铣床编程与操作项目教程［M］. 北京：化学工业出版社，2008.
[5] 余英良. 数控铣削加工实训及案例解析［M］. 北京：化学工业出版社，2007.
[6] 徐国权. 数控加工与操作（FANUC 系统铣订与加工中心分册）［M］. 北京：中国劳动社会保障出版社，2008.